AF536695

FÜHRUNGSKRAFT

Personalmanagement mit Erfolg

Wie Sie mit effektivem Leadership & angewandter Psychologie Ihr Team im Unternehmen leiten und als Chef die nötigen Kompetenzen und Charisma entwickeln

INHALT

Was ist eine Führungskraft?

Wer nicht gerade selbständig ist oder freiberuflich arbeitet, hat in den meisten Fällen einen Vorgesetzten, der über ihm steht und weisungsbefugt ist. Nicht nur ausführende Angestellte werden von einer Führungskraft beaufsichtigt, auch Abteilungsleiter und andere Führungspersonen haben in der Regel Vorgesetzte. Doch was ist eigentlich eine Führungskraft? Warum gibt es gute und schlechte Führungspersonen, welche Qualitäten muss jemand mitbringen, und wieso wird heutzutage so eine Wissenschaft aus der Leitung gemacht?

CHEF, VORGESETZTER ODER FÜHRUNGSKRAFT

Eine Führungskraft ist ein Vorgesetzter ist ein Chef. Oftmals werden diese drei Begriffe synonym verwendet. Basierend auf der Semantik der Wörter, also der Bedeutung, ist dies auch vollkommen korrekt. Und trotzdem sehen viele Menschen einige kleine oder auch große Unterschiede zwischen einem Chef und einer Führungskraft. Das Wort „Chef" wurde aus dem Französischen entlehnt und wird mit '(Ober)haupt' übersetzt, seinen Ursprung findet es im lateinischen „*caput*", zu Deutsch „Kopf". Aber der Chef löst nicht selten Assoziationen wie tonangebend, bestimmen, beherrschen, Leiter oder Oberhaupt aus.

Laut einer Studie des Vereins Deutscher Ingenieure (VDI) kann eine Führungskraft mit „Person mit Budget- und/oder Personalverantwortung" umschrieben werden. Auch wenn keine einheitliche Definition für Führungskräfte besteht, kann die Aufgabe von Führungskräften so beschrieben werden, dass sie in ihrer leitenden Tätigkeit die Befugnis haben, ausführenden Mitarbeitern Aufgaben und Tätigkeiten im Rahmen des Direktionsrechts vorzuschreiben. Dazu zählen sowohl die Weisung über vorzunehmende Handlungen, als auch die Unterlassung von Handlungen. Der

Begriff Führungskraft zieht oft die Wörter Kraft, Führungskompetenz, Führungsqualität und Verantwortung mit sich.

Auch wenn also ein Chef und eine Führungskraft beide leitende und weisungsbefugte Personen sind, wird vor allem in der Gesellschaft ein großer Unterschied gemacht.

Allgemein wird der **Chef** als übergeordnete Person auf einer höheren Ebene als die Mitarbeiter betrachtet. Seine Weisungen stellt er, indem er fordert, dabei aber wenig fördert und hilft. Die Anweisungen eines Chefs wirken meist starr und hart, er verwendet häufig einen Befehlston und kommandiert. So vermittelt und verkörpert er Macht. Ebenso projiziert er seine vermeintliche Überlegenheit auf Fachkompetenz und Wissen, der Chef geht davon aus, stets die Lösungen für Probleme zu kennen und selbst keine Fehler zu machen. Dennoch sind seine Vorgaben und Ziele für Mitarbeiter oft nicht eindeutig formuliert. Während er seine Mitarbeiter und ihre Arbeitsleistungen überwacht, kann es zur Ausübung von Kritik seinerseits kommen, die die Mitarbeiter hinzunehmen haben. Dem Chef gegenüber selbst Kritik auszuüben ist unangebracht. So führt das Verhalten des Chefs	Die **Führungskraft** ist ebenfalls eine übergeordnete Person, die in der Befugnis ist, Weisungen zu erteilen. Diese formuliert sie jedoch nicht herablassend, sondern indem sie den Mitarbeitern Fragen stellt, sie in den Arbeitsablauf einbezieht und dahingehend ermutigt. Somit fordert sie nicht nur die Ausführung von erteilten Weisungen, sondern fördert gleichermaßen die Motivation und das eigenständige Denken der Mitarbeiter. Die Ziele und Anforderungen werden realistisch und klar ausgedrückt. Dabei legt die Führungskraft großen Wert auf die Übertragung von Verantwortung und verkörpert zwischenmenschliche Werte anstelle von Macht. Dass das Miteinander dabei nicht untergeht, zeigt die Kritikfähigkeit der Führungskraft. Feedback von beiden Seiten ist erlaubt und sogar erwünscht, denn die Führungskraft geht davon aus, dass offenes Feedback nicht die

letztlich dazu, dass sich einige Mitarbeiter eingeschüchtert und unwohl fühlen können. Der Chef sieht sich selbst als Maßstab, den die Mitarbeiter jedoch nicht erreichen können.	Persönlichkeit oder die Stellung angreift, sondern die Basis von Wachstum, Verbesserung und Steigerung des Erfolgs ist. Eigene Schwächen und Fehler ignoriert die Führungskraft nicht, sie ist in der Lage, diese offen zuzugeben und zu benennen, statt sie zu verstecken. Mit diesen Eigenschaften und Meinungen inspiriert die Führungskraft ihre Mitarbeiter und wird als Vorbild angesehen.

FÜHRUNGSSTILE

Aber egal ob Chef oder Führungskraft, jeder Vorgesetzte verfolgt einen oder mehrere Führungsstile.

Der deutsche Soziologe und Nationalökonom Maximilian Carl Emil Weber (1864-1920) konnte mit seinen Begriffen und Theorien vor allem die Wirtschaftssoziologie beeinflussen.

Unter anderem hat er verschiedene Stile von Führungspersonen klassifiziert und beschrieben. Auch wenn sie heutzutage noch immer nicht unbekannt sind, wurden seine beschriebenen Führungsstile in der Vergangenheit häufiger angewandt. Oft handelte es sich zudem nicht um die Ausführung eines Führungsstils in Reinform, die Einteilung ist daher eher idealtypisch.

autokratisch

Der autokratische Führungsstil wird von einem Autokraten ausgeführt, der als Alleinherrscher mit uneingeschränkter Entscheidungsgewalt auftritt. Jegliche Beschlüsse werden von der Führungsperson allein und unabhängig getroffen. Es werden Anordnungen und Anweisungen erteilt, die ohne Diskussion ausgeführt werden. Diese strenge Hierarchie kann in bestimmten Situationen, in denen schnelle Entscheidungen getroffen werden müssen, vorteilhaft sein.

Für Mitarbeiter kann der autokratische Führungsstil angenehm sein, da sie keinerlei Verantwortung übernehmen oder Entscheidungen treffen müssen, für die sie im Nachhinein hätten belangt werden können. Besonders kreative Mitarbeiter und sehr selbstständig arbeitende Menschen kommen mit dieser Art der Führung in der Regel jedoch nicht zurecht. Das fehlende Mitspracherecht und die fehlende Meinungsäußerung, die Entscheidungen über den eigenen Kopf hinweg sowie die vollständige Kritiklosigkeit können einige Nachteile mit sich bringen.

patriarchalisch

Wenn der Führungsstil patriarchalisch ist, bestehen viele Ähnlichkeiten und gleiche Ansichten wie beim autokratischen Führungsstil. Das Wort Patriarch stammt ursprünglich aus dem religiösen Kontext, wo es meist den Erzvater beschreibt. Es ist ein Amtstitel von Erzbischöfen, die in der katholischen und orthodoxen Kirche obere und leitende Positionen einnehmen. Im vorwiegend abwertenden Gebrauch kann ein Patriarch auch das älteste männliche Familienmitglied beschreiben, das als Familienoberhaupt traditionell die größte Autorität besitzt.

Diese familiäre Einschneidung ist auch der entscheidende Unterschied zum autokratischen Stil. Auch wenn hier ebenso Entscheidungen unabhängig und allein getroffen werden, weist die patriarchalische Führungskraft Fürsorge für die Angestellten und ein großes Verantwortungsgefühl auf. Sein Erfahrungsvorsprung basiert auf dem höheren Alter und dem größeren Wissen, wie es oft bei einem Vater gleichermaßen der Fall ist. Die Vor- und Nachteile der beiden Stile ähneln sich aufgrund ihrer Gemeinsamkeiten sehr, die eindeutigen und klaren Vorgaben der Führungsperson können dem Mitarbeiter Entscheidungen abnehmen und ihn dadurch entlasten, oder ihm das Gefühl einer Entmündigung und Unwichtigkeit der eigenen Meinung geben.

charismatisch

Bei einem charismatischen Führungsstil besitzt die Führungskraft, wie der Name es schon verrät, Charisma. Charisma bezeichnet eine besondere Ausstrahlung oder Ausstrahlungskraft eines Menschen, die andere in hohem Maße beeinflusst. Meistens verfügen solche Personen über ein starkes Selbstbewusstsein und ein hohes Machtmotiv, das Angestellte dazu verleitet, freiwillig die Anforderungen der Führungsperson auszuführen. Durch die Redegewandtheit charismatischer Führungskräfte haben Mitarbeiter das Gefühl, persönlich angesprochen und geschätzt zu werden, was sie anfälliger für eine Abhängigkeit macht. Diese Bereitschaft, aus eigenem Antrieb den Anweisungen der Führungskraft Folge zu leisten, stellt für die Führungsperson einen großen Vorteil dar, nimmt den Mitarbeitern jedoch oft die objektive Einschätzung und Bewertung der Arbeit und des Arbeitsverhältnisses.

bürokratisch

Im Gegensatz zu dem autokratischen, dem patriarchalischen und dem charismatischen Führungsstil ist der Bürokratische nicht an eine Person gebunden. Die Macht der Führung ist im bürokratischen Führungsstil also durch die Struktur gegeben, nicht durch einzelne Personen. Eindeutige Richtlinien, klare Vorschriften und Anweisungen sind schriftlich festgehalten und bleiben bestehen, während Führungspersonen gewechselt und ausgetauscht werden können. In der Regel hält die Führungskraft die Führungsposition so lange, wie sie dem Unternehmen zugehörig ist. Durch die fixierten Vorgaben ist ein geregelter Arbeitsablauf gesichert, der auch bei unterschiedlichen Führungskräften bestehen bleibt und für Kontinuität sorgt. Das sorgt dafür, dass die Mitarbeiter vor möglichen Ungerechtigkeiten wegen individueller Unstimmigkeiten oder Antipathien weitestgehend geschützt, und nicht der Willkür einzelner Personen ausgesetzt sind. Die festgelegten und schwer veränderbaren Vorschriften sorgen auf der anderen Seite allerdings auch dafür, dass ein flexibles und spontanes Reagieren, wie es beispielsweise in Krisensituationen notwendig wäre, nicht immer umsetzbar und möglich ist. Auch können die Selbstständigkeit und die Eigeninitiative der Mitarbeiter von den Richtlinien betroffen und eingeschränkt sein, was langfristig die Motivation und die Arbeitsbereitschaft senken kann.

Ebenso wie Max Weber hat Kurt Tsadek Lewin unterschiedliche Führungsstile wahrgenommen und schriftlich festgehalten, drei an der Zahl. Lewin wurde im September 1890 in Polen geboren und verstarb im Februar 1947 in Massachusetts in den Vereinigten Staaten. Er begründete die moderne experimentelle Sozialpsychologie mit und ist bis heute einer der wirkungsreichsten Pioniere der Psychologie. Zu Beginn der 1940er Jahre führte Lewin gemeinsam mit einer kleinen Arbeitsgruppe in Amerika das Experiment „patterns of aggressive behavior in experimental created 'social climates'“ durch. Hier wurden das Verhalten sowie die Arbeitsleistung unter verschiedenen Führungsstilen untersucht, dem demokratischen, dem autoritären und dem laissez-faire Führungsstil. Die moderne Führungsstil- und Erziehungsstilforschung basiert noch heute auf diesem Experiment.

autoritär

Beim autoritären oder hierarchischen Führungsstil erteilt die Führungskraft Anordnungen, die befolgt werden müssen. Die Aufmerksamkeit wird einzig und allein dem Erfolg des Projektes gegeben. Kritik ist unerwünscht und wird nicht akzeptiert, Lösungswege werden von der Führungsperson vorgegeben, da sie den Anschein vermittelt, passende Antworten für alle Probleme zu kennen. Probleme und Wünsche der Mitarbeiter werden nicht angehört.

Für den Arbeitgeber kann diese Art der Führung sich als vorteilhaft erweisen, da Entscheidungen schnell getroffen werden, Kompetenzen und

Aufgaben eindeutig geregelt sind und der vollständige Arbeitsprozess stets kontrolliert abläuft. Wenn die Führungskraft mit der großen Verantwortung jedoch überfordert ist, können Fehlentscheidungen und suboptimale Lösungen die Konsequenzen sein. Auch bei unerwartetem Ausfall der Führungskraft fehlt der Entscheidungsträger und zieht meistens ein chaotisches Ungleichgewicht nach sich. Mitarbeiter können sich wenig wertgeschätzt fühlen und aufgrund ihrer Unzufriedenheit und fehlenden Motivation eine geringe Arbeitsleistung erbringen.

Im Allgemeinen ähnelt die autoritäre Führung von Lewin dem autokratischen Führungsstil Webers, mit ähnlichen Vor- und Nachteilen für Arbeitgeber und Arbeitnehmer.

demokratisch

Eine demokratische oder kooperative Führung geht von der konkreten Zusammenarbeit zwischen der Führungskraft und den Mitarbeitern aus. Dabei stehen die Motivation der Mitarbeiter sowie das Übergeben von Verantwortung und Aufgaben auf der Liste der Funktionen der Führungskraft an oberster Stelle. Dank der offenen Kommunikation besteht die Möglichkeit zur Kritik. Eigeninitiative wird ebenso gefordert und gefördert wie Kreativität und Selbstständigkeit. Den meisten Mitarbeitern fällt eine Identifikation mit dem Unternehmen aufgrund der positiven Empfindungen in der Regel leichter. Aufgrund der Verteilung von Verantwortung zieht ein Ausfall der Führungskraft nicht so schwerwiegende Folgen mit sich und kann besser aufgefangen werden.

Entscheidungsprozesse können wegen der Diskussionen des gesamten Teams länger dauern und Konkurrenzgedanken und damit einhergehende Probleme unter den Mitarbeitern verursachen.

laissez-faire

Im 18. Jahrhundert prägten der französische Politiker René Louis d'Argenson und der Wirtschaftswissenschaftler Vincent de Gournay den Begriff *laissez-faire*, der mit „machen lassen“ oder „laufen lassen“ übersetzt werden kann. Im Vordergrund steht also die bewusste Nichtbeteiligung an verschiedenen Prozessen. So überlässt auch eine laissez-faire Führungsperson seinen Mitarbeitern eine große Handlungs- und Entscheidungsfreiheit. Aufgaben und Anforderungen werden selbst gestaltet und umgesetzt, ohne das Eingreifen der Führungskraft.

So entfallen in diesem Führungsstil Vorschriften, aber auch Hilfestellungen bei Problemen und Bestrafungen oder Konsequenzen bei Fehlern. Die Eigenständigkeit und das kreative Denken der Mitarbeiter können hier komplett entfaltet werden. Im Falle von unzureichender Kompetenz kann es jedoch zu Planlosigkeit und fehlender Kontrolle kommen. Chaos kann der Auslöser für Unstimmigkeiten innerhalb des Teams werden und einzelne Mitarbeiter ausgrenzen.

Jeder aufgeführte Führungsstil bringt unterschiedliche Vor- und Nachteile mit sich. Dennoch ist in der Praxis selten ein konkreter Stil anzutreffen, da es sich lediglich um theoretische Konstrukte handelt. In der Regel werden die Arten der Führung je nach Situation, Führungsperson, der Art der Arbeit und weiteren Umständen angepasst und können variieren. Auch hat sich im Laufe der Zeit einiges geändert. Ein weiterer Führungsstil hat sich entwickelt.

situativ

Der situative Führungsstil geht davon aus, dass sich die Art der Führung an die jeweiligen Situationen und ihre Umstände anpasst. Die Führungsperson, die Mitarbeiter, die Art der Arbeit und die eigentliche Situation spielen hierbei eine Rolle und sind für den Stil ausschlaggebend. Die Flexibilität dieses Führungsstils passt sich je nach Bedürfnis an die jeweiligen Mitarbeiter an und unterscheidet vier verschiedene Stufen.

Denn je nach Reifegrad wird individuell entschieden, inwiefern der Mitarbeiter Instruktionen und Anweisungen benötigt, weil ein

Berufsanfänger oder ein neuer Mitarbeiter andere Unterstützung benötigt, als ein seit 10 Jahren für das Unternehmen tätiger Mitarbeiter. Daher besteht die erste Stufe aus Dirigieren. Die Führungsperson ist für eine klare Anweisung und Kontrolle der Arbeitsabläufe des Mitarbeiters zuständig. Dem folgt das Sekundieren, bei dem bereits erlernte Prozesse eigenständig ausgeführt werden, der Mitarbeiter aber trotzdem weiterhin Unterstützung braucht und diese auch bekommt. Hat der Mitarbeiter die nötigen Kompetenzen erlangt, liegt es an der Führungskraft, ihn zu motivieren, seine eigenen Entscheidungen zu treffen und selbstständiges Arbeiten zu erlernen.

Wenn auch dieser Schritt erfolgreich absolviert wurde, delegiert die Führungskraft entsprechende Aufgaben und die damit verbundene Verantwortung an den Mitarbeiter. So bleiben auch die Kompetenzen und die Motivation stetig auf einem hohen Level.

richtungsbezogen

Der amerikanische Psychologe und Wirtschaftswissenschaftler Robert Rogers Blake (1918-2004) und die amerikanische Wirtschaftswissenschaftlerin Jane Srygley Mouton (1930-1987) entwickelten den richtungsbezogenen Führungsstil, der zwei verschiedene Bereiche fokussieren kann. Bei der Aufgabenorientierung oder der Sachorientierung stehen eindeutige Aufgaben, klare Zielvorgaben und die Führung durch die Führungskraft im Vordergrund. Auch wenn die Führungskraft in ihrer übergeordneten Position auch in der Lage ist, Druck auszuüben um Ziele zu erreichen, wird insgesamt auf ein gut funktionierendes und vor allem erfolgreiches Team geachtet.

Im Unterschied dazu liegt die Aufmerksamkeit bei der Personenorientierung oder der Beziehungsorientierung auf der persönlichen Ebene zwischen Führungskraft und Mitarbeitern. Die flache Hierarchie gekoppelt mit der offenen Kommunikation auf gemeinsamer Ebene ist die Ausgangssituation für die optimale Lösung eines jeden Problems.

Auch in diesem Führungsstil handelt es sich selten um die Reinform, in der Praxis werden die Orientierungen meist gemischt, um den bestmöglichen Erfolg auf wirtschaftlicher und auf zwischenmenschlicher Ebene zu erzielen.

DIREKTIV ODER KOOPERATIV

Wenn die Unterteilung von Führungsstilen etwas einfacher und schlichter gehalten werden soll, ist häufig von einem direktiven oder einem kooperativen Stil die Rede. Dies hat vor allem den Vorteil, dass nicht nur genau eine Art der Führung aus mehreren verschiedenen Stilen ausgewählt werden muss, sondern lediglich die Richtung angegeben wird.

Denn der direktive Stil vereinbart grob ausgedrückt Begriffe wie Kommando, Kontrolle und Korrektur. Er ist also an den autoritären bzw. autokratischen Führungsstil angelehnt, weil es auch im direktiven Führungsstil eine Führungsperson gibt, die alleine Entscheidungen trifft und von seinen Mitarbeitern die Umsetzung der Anforderungen ohne Diskussion erwartet.

Auch wenn diese Reinform von direktiver Führung in der heutigen Zeit selten anzutreffen ist, gibt es durchaus Bereiche, in denen sie sinnvoll und sogar notwendig ist. Ein Beispiel ist das Militär, bei dem die Soldaten den Vorgesetzten in jeder Situation kommentarlos Folge leisten müssen, da sie unter Umständen ihr eigenes oder anderes Leben gefährden können.

Im Gegensatz dazu geht der kooperative Führungsstil eher von Begriffen wie Kommunikation, Kontext und Kultur aus. Mitarbeiter werden in Entscheidungsprozesse mit einbezogen, ihre Meinungen sind gefragt und Diskussion sogar erwünscht. Daher verfügen die Mitarbeiter einer kooperativen Führung meist große Entscheidungsfreiheiten und Handlungskompetenzen. Strategien und Ziele des Unternehmens werden offen mit den Mitarbeitern kommuniziert und diskutiert, andere Ideen und Kritik sind erlaubt und zeugen von einem funktionierenden Team. Dank der Kooperation zwischen Führungskraft und Mitarbeitern werden letztere zu selbständigem Arbeiten und Mitdenken angeregt, dem eine hohe Kreativität und Motivation folgt. Allerdings können Entscheidungsprozesse wegen der Mitsprache der Mitarbeiter auch erheblich länger dauern als unter einer direktiven Führung.

Da sich kein Stil als besser oder schlechter im Allgemeinen betiteln lässt, können in unterschiedlichen Situationen unterschiedliche Führungen die optimale Lösung darstellen.

Die direktive Führung eignet sich besonders für Routinearbeiten, die unter Druck ausgeführt werden, wie beispielsweise bei der Feuerwehr oder der Bundeswehr. Die Führungskraft greift hier auf etwa 90% Fachwissen und 10% Führungsfertigkeit zurück. Komplexe Arbeiten, die an Situationen angepasst werden können, werden in der Regel unter einer kooperativen Führung erfolgreicher ausgeführt. Vor allem Projektarbeiten können hier eingeordnet werden, da das Fachwissen lediglich bei 10%, die Führungsfertigkeit jedoch bei 90% liegt.

DIGITAL LEADERSHIP

Wer auf der Suche nach einer einheitlichen Definition des Digital Leadership ist, der wird auch hier nicht fündig werden. Denn die eine allgemeine Interpretation des Begriffes existiert bislang nicht. Eindeutig ist lediglich, dass sich der Terminus aus den Wörtern digital und dem englischen *Leadership* zusammensetzt, das auf Deutsch mit „Führung“ übersetzt wird.

Beim Digital Leadership handelt es sich also um einen Führungsstil, der vor allem für die Zukunft als unumgänglich angesehen wird, weil sich die Herausforderungen am Markt ständig verändern und immer komplexer werden. So wie bei jedem Führungsstil ist auch hier das Ziel, mithilfe einer bestimmten Strategie die Stärken des eigenen Unternehmens zu nutzen und so davon zu profitieren. Bei dieser neuen Art der Führung geht es in erster

Linie darum, dass digitale Tools dafür genutzt werden, auf allen Ebenen die Digitalisierung durchzusetzen und smarter zu arbeiten.

Hinter dem Wunsch, smarter zu arbeiten, steckt die S.M.A.R.T.-Formel, die ein Akronym darstellt und also aus Abkürzungen für Adjektive besteht. Das S steht für Spezifisch, es soll konkret überlegt werden, was erreicht werden soll. M ist die Abkürzung für Messbar, da es wichtig ist, quantitative und auch qualitative Größen bestimmen zu können. Das A findet sich in Attraktiv wieder, die Arbeit soll sich für den Mitarbeiter als reizvoll und als lohnend zugleich herausstellen. Das R steht für Realistisch, denn die Aufgaben müssen innerhalb der gesetzten Zeit mit den gesetzten Mitteln auch tatsächlich umsetzbar sein. Das T kürzt den Begriff Terminiert ab, und steht für die Wichtigkeit der zeitlichen Begrenzung, eine feste Ablieferungszeit muss festgelegt werden. Grob zusammengefasst soll mithilfe des Digital Leaderships also im Vorfeld klar überlegt werden, was wie und bis wann erledigt sein soll, um wirtschaftliche Ziele erreichen zu können. Das Internet und die Digitalisierung im Allgemeinen helfen den Prozessen dabei.

Einer der ausschlaggebenden Gründe, warum das Digital Leadership so wichtig ist und noch wichtiger werden wird, ist die dauerhafte Veränderung im gegenwärtigen Arbeitsleben. Aufgrund der digitalen Transformation werden die Innovationszyklen ständig kürzer, besonders auffällig ist das in den Bereichen von Computern und Smartphones. Neue Modelle kommen schon nach sehr kurzen Abständen auf den Markt, Innovation gehört zum Tagesgeschäft.

Dass sich dieser Druck auch auf die Organisationsstrukturen und die Führungsstile auswirkt, ist verständlich. Ein weiterer Druck wird durch die disruptiven Geschäftsmodelle ausgeübt, zu denen zum Beispiel AirBnB, Musik-Streamingdienste oder Elektroautos gezählt werden können. Denn disruptive Technologien ersetzen bestehende Produkte oder Dienstleistungen, oder verdrängen diese vollständig vom Markt und so werden aufgrund der Disruption manche Märkte in rasantem Tempo verändert oder gar zerstört. Veränderungen der Arbeitswelt können am Beispiel von dem 3D-Druck verdeutlicht werden. Im Ursprung als Erleichterung geplant, hat diese neue Technologie mittlerweile unzählige Arbeitsplätze überflüssig gemacht.

Dem entgegengesetzt hat sie dafür gesorgt, dass neue Arbeitsplätze entstanden sind, die sich mit der Anpassung der Technologien an neue Geschäftsmodelle und Produkte beschäftigen, da sich mit den Innovationen auch die Bedürfnisse der Kunden geändert haben. Die Begleitung eben dieser und weiterer zahlreicher Transformationsprozesse gehört zu den Aufgaben eines Digital Leaders, ebenso wie deren Organisation, Delegation und das Management des Wandels.

SITUATIONEN

Wenn Unternehmen in der heutigen Zeit scheitern und aufgegeben müssen, liegt das in den meisten Fällen am Fachkräftemangel, und nicht am Auftrags- oder Kapitalmangel. Mitarbeiter bekommen in anderen Firmen vielleicht mehr Geld oder Urlaubstage geboten, auch andere Extraleistungen können Mitarbeiter abwerben. Der erste Kündigungsgrund ist Umfragen zufolge allerdings der Chef selbst, dicht gefolgt von einem schlechten Betriebsklima. Dabei spielt der Führungsstil eine entscheidende Rolle, die offenbar weitreichende Konsequenzen nach sich ziehen kann.

Im Folgenden werden sechs Beispielsituationen aufgeführt, die insgesamt drei unterschiedliche Führungsstile darstellen. Dabei gilt es zu analysieren, in welcher Situation welcher Führungsstil angemessen bzw. unangemessen ist und wie er optimiert werden könnte.

Im Malerbetrieb:

In einem Dorf mit rund 6.000 Einwohnern ist der Malerbetrieb Schmidt ansässig. Geschäftsführer Heinrich Schmidt leitet den Betrieb nun in der dritten Generation, und beschäftigt drei Mitarbeiter im Büro, fünf Malergesellen und je einen Auszubildenden im kaufmännischen und im handwerklichen Bereich. Drei seiner Gesellen sind bereits seit ca. 15 Jahren in diesem Betrieb tätig, ein Geselle hat im vergangenen Jahr den Betrieb gewechselt und bei Schmidt angefangen, ein anderer Geselle wurde nach erfolgreich abgeschlossener Lehre vor einigen Monaten übernommen. Klassischerweise sieht ein Arbeitstag wie folgt aus: Zu Arbeitsbeginn morgens um 6.30 Uhr treffen sich alle handwerklichen Mitarbeiter mit Herrn Schmidt an der Lagerhalle, um die Tagesziele zu besprechen. Herr Schmidt gibt vor, welche Baustellen an diesem Tag anstehen, und gibt die entsprechenden Unterlagen in die Runde der Handwerker weiter.

Damit verabschiedet er sich und macht sich auf den Weg ins Büro, das er aufschließt und anschließend anfängt, seine Aufgaben zu erledigen. Dazu zählen neben Personalangelegenheiten vor allem die Erstellung von Angeboten und die Annahme bzw. das Ablehnen von Aufträgen.

Die Handwerker hingegen sind selbst dafür zuständig, Teams zu bilden, die die entsprechenden Tagesaufgaben erledigen. In welcher Reihenfolge welche Baustellen angefahren werden, welches Material mitgenommen werden muss und was sonst noch bei den Aufträgen zu beachten ist, bleibt komplett ihnen überlassen. Es herrscht ein angenehmes Verhältnis zwischen den Mitarbeitern. Nach einem Sturz von einer Leiter fällt ein langjähriger Geselle für mindestens sechs Wochen aus. Zuerst kann die fehlende Arbeitskraft von den übrigen Kollegen gut aufgefangen werden. Als sich jedoch ein weiterer langjähriger Geselle für eine Woche krankgemeldet, droht die Lage zu eskalieren.

Der dritte langjährige Geselle fühlt sich in der Verantwortung, die Tagesplanung komplett alleine zu erstellen, und gibt seinen Kollegen kaum Raum zur Mitsprache. Seine Begründung für sein Verhalten ist die mangelnde Erfahrung und das fehlende Wissen. Um trotzdem die Tagesziele zu erreichen, fährt er gemeinsam mit dem Auszubildenden auf eine Baustelle, und schickt den erst seit kurzem für Schmidt arbeitenden Gesellen alleine zu einer anderen Baustelle. Aufgrund von Zeitdruck hat er im Vorfeld nicht alle zu erledigenden Aufgaben in dem Portfolio durchgelesen und für zwei Arbeiten keine Materialien eingepackt. Nachdem er noch einmal zurück zum Betrieb gefahren ist, um die fehlenden Teile zu holen, fängt er anderthalb Stunden später mit der Arbeit an, als üblich.

Da die Arbeitsabläufe in seiner alten Firma zum Teil anders waren, führt er auf der Baustelle eine Arbeit so aus, wie er es früher gelernt hat.

Dass der Malerbetrieb von Schmidt diese Technik für kurzlebig und daher nicht gut hält, weiß der Mitarbeiter nicht. Als er am nächsten Morgen seinem Kollegen vom Tag berichtet, streicht dieser kurzerhand seine eigenen Aufgaben für den Tag und fährt mit beiden Kollegen gemeinsam zur Baustelle, um die Fehler vom Vortag zu korrigieren und die nicht erledigte Arbeit zu vollenden. Herr Schmidt erhält aufgrund von nicht zeitgerechter Erfüllung des Vertrages eine Rechnungsminderung. Er gibt die Informationen an seine Mitarbeiter weiter, belangt diese dafür jedoch nicht.

Um welchen Führungsstil handelt es sich in dieser Situation? Was könnte Herr Schmidt an seinem Führungsstil optimieren, um sowohl die Mitarbeiter als auch die Kunden einheitlich zufrieden zu stellen? Ist sein Führungsstil für diese Branche geeignet?

Im Rettungswagen:

Von der Leitstelle erhält der Rettungswagen RTW506 den Auftrag, in einen Wald am Südende der Stadt zu fahren. Laut Anrufer befindet sich dort ein Kind, das beim Balancieren auf Baumstämmen abgerutscht und zwischen die Baumstämme gefallen ist. Es klagt über Beinschmerzen und kann sich selbst nicht befreien.

An Bord des Rettungswagens sind neben dem Fahrer die erfahrene Rettungsassistentin Anja sowie der Rettungsassistent Paul. Während Anja bereits seit 13 Jahren im Rettungswagen fährt, beschränkt sich Pauls Berufserfahrung auf 4 Monate. Am Unfallort angekommen ist das Kind ansprechbar und bei vollem Bewusstsein. Es gibt an, dass sein Freund unterwegs sei, um die Eltern des Kindes zu informieren. Anja und Paul versuchen gemeinsam, das Kind aus der Spalte der gefällten Baumstämme zu befreien. Als ihnen der Versuch nicht gelingt, informiert Paul über Funk die Leitstelle, die die Feuerwehr zur Unterstützung an den Unfallort schickt.

Während die Personen auf das Eintreffen der Feuerwehr warten, fragt Anja Paul nach der weiteren Vorgehensweise, wenn das Kind befreit ist. Er stellt sich verschiedene Szenarien vor und gibt nach reifer Überlegung Antworten auf unterschiedliche Krankheitsbilder. Paul macht konkrete Vorschläge, was im Falle einer Fraktur, einer Schürfwunde oder einer Prellung zu tun ist. Anja klärt ihn auf, dass bei solchen Unfällen nicht nur die schmerzende Stelle begutachtet werden darf, sondern der gesamte Körper. Beim Aufprall kann es schließlich auch zu einer Gehirnerschütterung kommen, bei Auffangreaktionen von Armen und Händen können Verletzungen die Folge sein und im eingeklemmten Zustand ist die funktionierende Durchblutung aller Körperregionen nicht unbedingt gewährleistet.

Als nach wenigen Minuten die Feuerwehr eintrifft und das Kind erfolgreich aus seiner Lage befreien kann, beginnen Anja und Paul ihre Behandlung am Unfallort. Während Anja mit gezielten Griffen und klaren Fragen versucht, mögliche Verletzungen zu erfahren oder auszuschließen, beginnt Paul mit der Fixierung des Beines, um das Kind auf den Transport ins Krankenhaus vorzubereiten. Glücklicherweise hat es bis auf einen verstauchten Knöchel keinerlei Anzeichen für weitere Verletzungen.

Um welchen Führungsstil handelt es sich in dieser Situation? Sollte Anja mehr Leitung und Verantwortung während eines Einsatzes übernehmen und Paul sein Wissen in der Theorie erweitern und trainieren? Oder ist es vertretbar, dass Paul den Einsatz als eine Art Übung ansieht und Zeit opfert, um die weiteren möglichen und notwendigen Schritte selbst zu erkennen? Welcher Führungsstil passt am besten zu Einsatzkräften?

Bei der Bundeswehr:

Herr Brand hat sich vor 12 Jahren für 20 Jahre bei der Bundeswehr verpflichtet. Mittlerweile hat er den Dienstgrad Hauptmann erlangt und ist laut Vorgesetztenverordnung befugt, Leutnanten, Unteroffizieren mit und ohne Portepee und Mannschaften Befehle zu erteilen. Konkret ist er als Kompaniechef tätig und somit Einheitsführer seiner Einheit. Er ist für deren personelle und materielle Verantwortung, die Ausbildung, die Anführung im Gefecht und Disziplinarmaßnahmen bevollmächtigt.

Der Umgangston zwischen ihm und seiner Einheit ist rau, unmissverständlich und ernst. Diskussionen, unpünktliches Erscheinen oder ein ungepflegtes Äußeres beispielsweise muss er nicht akzeptieren und ist in der Befugnis, entsprechende Maßnahmen zu ergreifen, um das Fehlverhalten zu verbessern. Krankmeldungen müssen von dem Sanitätsdienst unterschrieben sein, Ablehnung von erteilten Aufgaben und Übungen muss er nicht hinnehmen. Beim Frühstück um 05.00 Uhr in der Kasernenkantine sitzt er meist mit anderen Offizieren an einem Tisch, die Mannschaften grüßen höflich und nehmen ihr Essen an einem anderen Tisch ein. Beim Antreten der Einheit um 05.30 Uhr achtet er vor allem auf das saubere Erscheinungsbild sowie einen gesunden, ausgeschlafenen Eindruck der ihm unterstellten Soldaten.

Er respektiert und schätzt die Einheit und nutzt seinen Dienstgrad nicht aus.

Um welchen Führungsstil handelt es sich in dieser Situation? Warum kann unter einem solchen Führungsstil dennoch ein angenehmes Klima unter den Soldaten herrschen? Ist eine Änderung des Stils denkbar oder sogar notwendig?

In der Bank:

Im August hat in der Bank ein neuer Auszubildender seine Ausbildung begonnen. Nachdem er bereits einige Wochen in der Kundenbetreuung verbringen durfte, hat er seine Theorie im vierwöchigen Schulblock vertieft. Zurück in der Bank wechselt er nun die Abteilung und ist fortan in der Kreditsachbearbeitung eingesetzt. Die erste Woche in der Kreditsachbearbeitung hat er sich an seinen Vorgesetzten geheftet und ihm über die Schulter geschaut.

Dieser hat ihm erklärt, was die Ziele und Anforderungen an die Abteilung sind, wie die gängigsten Arbeitsprozesse ablaufen und was ins System eingetragen werden muss. Der Auszubildende wurde angehalten, die für ihn wichtigsten Schritte aufzuschreiben. In der zweiten Woche wurden dem Auszubildenden einfache Anträge und Formulare übertragen, die er eigenständig mithilfe seiner Notizen bearbeiten sollte.

Da sein Schreibtisch im selben Büro steht wie der seines Kollegen, kann er sich bei Fragen jederzeit an diesen wenden und bekommt eine freundliche Erklärung zur Lösung seines Problems. Dabei nehmen sich sowohl sein Kollege als auch der Abteilungsleiter die Zeit, ihm die passenden Fragen zu stellen, damit er selbst die Lösung findet. Der Auszubildende fühlt sich in der Abteilung sehr wohl, er notiert sich die nötigen Hinweise und Schritte, und benötigt nach nur wenigen Tagen so gut wie keine Hilfestellungen mehr. In der darauffolgenden Woche bekommt er zufällig mit, wie sein Kollege einen komplexen Antrag bearbeitet, bei dem er eine Frage hat.

Kurzerhand geht dieser zum gemeinsamen Vorgesetzten, um nach dem korrekten nächsten Schritt zu fragen. Nach ausgiebiger Prüfung des Sachverstandes kontaktiert der Abteilungsleiter eine andere Filiale der Bank, um den dort ansässigen Abteilungsleiter der Kreditsachbearbeitung nach Rat zu fragen. Dieser hatte bereits einen solchen Fall und gibt dem Kollegen direkt die nötigen Informationen, die er zur Bearbeitung benötigt. Als der Auszubildende im Januar die Abteilung verlässt, um in der Berufsschule die weitere Theorie zu erlernen, nimmt er ein vollgeschriebenes Notizbuch, positive Erinnerungen an die Zeit mit seinen Kollegen und viel Motivation und Selbstbewusstsein mit.

Um welchen Führungsstil handelt es sich in dieser Situation? Gibt es Verbesserungsvorschläge an die Führungskraft des Auszubildenden? Was können die Gründe für die hohe Motivation und gute Arbeitsleistung des Auszubildenden sein?

Im Kindergarten: autoritär

Herr Meier ist als staatlich anerkannter Erzieher in einer Kindertagesstätte eines kirchlichen Trägers angestellt. Als Mann kann er sich seinen Arbeitsort fast aussuchen, da Frauen diesen Beruf deutlich häufiger ausüben als Männer. Seit 6 Jahren ist er in einer Gruppe für Kinder zwischen drei und sechs Jahren beschäftigt. Die Kinder werden morgens in der Zeit von 07.00 Uhr bis 09.00 Uhr in die Kita gebracht, und entweder zwischen 12.00 Uhr und 12.30 Uhr, oder zwischen 14.00 Uhr und 14.30 Uhr oder bis 16.00 Uhr wieder abgeholt. Herr Meiers Arbeitszeit ist täglich von 07.00 Uhr bis 16.00 Uhr.

Er arbeitet gemeinsam mit einer Praktikantin im Anerkennungsjahr und seiner Vorgesetzten, der Gruppenleiterin. Frühstück gibt es einheitlich morgens um 09.00 Uhr, dafür setzen sich alle Kinder sowie die Erzieher an den Frühstückstisch und nehmen die Mahlzeit gemeinsam ein. Herrn Meier sind Tischmanieren und gutes Benehmen sehr wichtig. Er hält die Kinder an, mindestens eine Scheibe Brot zu essen, auf ihr Hungergefühl geht er dabei wenig ein. Die Getränke am Frühstückstisch reglementiert der Erzieher auf ein Glas Milch pro Kind pro Morgen, Wasser dürfen sie grenzenlos trinken. Er fordert alle Kinder auf, ordentlich mit Besteck zu essen, um Flecken und Verschmutzungen weitestgehend zu vermeiden.

Wenn das letzte Kind aufgegessen hat, dürfen die Kinder ihr Geschirr auf den Geschirrwagen räumen, den Frühstückstisch verlassen und spielen. Herr Meier geht während dieser Zeit auf den pädagogischen Wert der Spiele ein. Da in seinem Weltbild Jungs nicht mit Puppen oder einer

Kinderküche spielen, schickt er diese zum Lego aufbauen oder Fußball spielen in die Bewegungshalle. Mädchen untersagt er während des Fußballs den Zutritt zur Bewegungshalle.

Zum Abschluss des Vormittags wird jeden Tag um 11.15 Uhr eine Sitzrunde gemacht, in der die Ereignisse des Tages zusammengefasst, in der Geburtstage gefeiert oder von den Mädchen selbst gebackene Teilchen probiert werden können. Die grobe Sitzordnung legt Herr Meier mithilfe von farblichen Sitzkissen fest. Gelbe und rote Sitzkissen sind für Mädchen, grüne und blaue Kissen für Jungs vorgesehen. Die Kinder spielen gerne mit Herrn Meier, er verkörpert für sie das Bild eines starken Mannes, der Erfahrungen und viel Wissen hat. Die Eltern wollen am nächsten Elternabend über Herrn Meiers Verhalten diskutieren.

Um welchen Führungsstil handelt es sich in dieser Situation? Warum ist die Auffassung von Herrn Meiers Führung unter den Kindern und Eltern so kontrovers? Wie würde eine moderne Fachkraft über Herrn Meiers Führung urteilen?

In der Gastronomie:

Simone ist seit vier Jahren als Kellnerin in der Gastronomie angestellt. Bereits während der Schulzeit hat sie im Eiscafé gekellnert, während der Ausbildung zur Rechtsanwalts- und Notariatsangestellten hat sie jedoch festgestellt, dass sie sich in der Gastronomie wohler fühlt. Kurzerhand fing sie in einem Restaurant als Servicemitarbeiterin an, und ist nun stellvertretende Leiterin des Services. Zu ihrer Vorgesetzten hat sie ein gutes Verhältnis, und auch von ihren Kollegen im Service wird sie geschätzt. Wirkliche Regeln und Vorschriften, an die sie sich zu halten hat, gibt es keine. Freundlichkeit und Respekt gegenüber den Kollegen und Kunden wird vorausgesetzt, aber außer Pünktlichkeit und Flexibilität wird sonst nichts vorgeschrieben.

Diese Freiheit gefällt ihr besonders in Bezug auf den Umgang mit Kunden gut. Durch eine offene, ehrliche und menschliche Art versteht sie sich mit den meisten Gästen auf Anhieb gut. Sie berät und bedient sie gern, ist auch für Extrawünsche offen und kommuniziert die Möglichkeiten frei. Bei Gästen, die offenbar einen schlechten Tag hatten, die ihr gegenüber aber dennoch höflich und freundlich sind, serviert sie auch Mal einen Kaffee aufs Haus, oder nimmt sich die Zeit, die Geheimtipps der Küche zu verraten.

Sollten jedoch Kunden dabei sein, die den Mitarbeitern gegenüber unhöflich und frech auftreten, so scheut sich Simone nicht, sie auf ihr Fehlverhalten anzusprechen und um gegenseitigen Respekt zu bitten. Falls dies auch nach ihrer Bitte nicht umgesetzt wird, lädt Simone die Gäste freundlich ein, bitte ein anderes Restaurant aufzusuchen. Im Umgang mit Kunden wird sie von niemandem kontrolliert. Ihre Vorgesetzte und die Restaurantleitung geben ihr das Vertrauen, für sich, für ihre Kollegen und für die Gäste den bestmöglichen Umgang zu ersuchen.

Sollten besondere Wünsche bezüglich des Essens gemacht werden, so leitet Simone diese immer freundlich an die Kollegen in der Küche weiter und falls es zu Problemen oder Unklarheiten kommt, vermittelt sie zwischen den Gästen und dem Koch. Simone könnte sich heutzutage nicht mehr vorstellen, in einer Gastronomie zu arbeiten, in der es klare Vorschriften und Regeln gibt, was für Floskeln die Mitarbeiter den Gästen gegenüber zu benutzen haben, wie sie sich zu verhalten haben und was sie im Falle von unhöflichen Kunden tun sollen.

Um welchen Führungsstil handelt es sich in dieser Situation? Warum haben Simones Vorgesetzte die Möglichkeit, ihr und ihren Kollegen diese Freiheiten zu geben? Kann der Führungsstil in ihrem Fall noch verbessert werden, und wenn ja, wie?

Anhand dieser Beispiele wird relativ schnell deutlich, dass es bestimmte Bereiche gibt, in denen einige Führungsstile angemessen und wichtig sind. In anderen Branchen hingegen können diese Stile dann vollkommen unangebracht sein und für den besagten Fachkräftemangel sorgen. Während bei der Bundeswehr eindeutig der autoritäre Stil vorherrscht und dies auch aus einem guten Grund, ist er im Einzelhandel und in vielen anderen Branchen nicht zu gebrauchen.

Während die Abgabe von Verantwortung im der Art des laissez-faire in der Gastronomie beispielsweise hervorragend funktionieren kann, sollte in Bereichen wie dem Handwerk darauf geachtet werden, dass die Aufgaben und Anforderungen an die Mitarbeiter ihrer aktuellen Fachkompetenz und ihrem Wissensstand entsprechend, denn sonst kann nicht nur das Arbeitsklima, sondern auch die Zufriedenheit der Kunden sehr unter der falschen Führung leiden.

Der situative Führungsstil passt bei den Fallbeispielen fast gleichermaßen zu den Arbeitsbereichen. Wenn entschieden werden muss, zu welcher Branche er besser passt, fällt die Entscheidung wahrscheinlich auf die Bank und ähnliche Arbeitsumfelder. Denn auch wenn im Rettungswagen und weiteren Einsatzfahrzeugen die Handlungen der Mitarbeiter an ihre Reifegrade und an ihr Wissen angepasst sein sollte, kann hier oftmals auch ein autoritärer Führungsstil angemessen sein, um schnellstmöglich die notwendigen Arbeiten auszuführen. In solch einem Umfeld kommt es auf Schnelligkeit und eine funktionierende Zusammenarbeit an, die im situativen Stil geübt und trainiert werden kann. Im Ernstfall muss jedoch eine Person die Führung eindeutig übernehmen und die Aufgaben verantwortungsbewusst verteilen.

Über welche Eigenschaften und Kompetenzen verfügt eine Führungskraft?

MORAL

Im Juni 2017 hat die britische Universität Sussex eine Studie veröffentlicht, die eine erhöhte Produktivität und Zufriedenheit von Mitarbeitern in Relation zur Moral der Führungskraft stellt. Bei hohen moralischen Standards der Führungsperson zeigen sich auch die Mitarbeiter meist produktiver und glücklicher. Damit ist bewiesen, dass nicht nur die Aufgabenbereiche und Regeln den Arbeitsplatz ausmachen, sondern dass die Mitarbeiter ebenso mit ihren Köpfen und Herzen arbeiten. Moralität steht im Zusammenhang mit der gesamten Gesellschaft und nicht nur mit dem Individuum selbst.

Denkt die Führungskraft in ihrer Rolle als Anführer also nicht nur an eigene Vorteile und persönliche Erfolge, sondern verfolgt klare Ziele unter Berücksichtigung von ethischen und moralischen Prinzipien, sind Mitarbeiter aus freien Zügen leistungsfähiger und eher bereit, Extraarbeiten zu übernehmen. Die Organisationswissenschaftlerin Sunnie Giles kam vor ein paar Jahren zu demselben Ergebnis, als sie in einer Studie 195 Führungskräfte in 15 unterschiedlichen Ländern bat, vorgegebene Führungskompetenzen der Wichtigkeit nach zu ordnen. Den ersten Platz belegte mit 67% die Vorgabe „Hat hohe ethische und moralische Standards“.

Dennoch ist anzumerken, dass sich diese Standards nicht nur nach außen richten sollten, sondern auch persönlich von der Führungskraft durchgeführt und angewandt werden. So stehen zum Beispiel Fairness, Offenheit, Grundvertrauen und eine gewisse Fehlertoleranz für eine angesehene Führungskraft.

ALTRUISMUS

Unter Altruismus kann eine selbstlose Handlungs- und Denkweise oder auch eine Uneigennützigkeit verstanden werden. Es stellt damit das Gegenteil zum Egoismus dar und verkörpert ein hohes Maß an Respekt dem Anderen gegenüber. Im Jahr 2015 wurde im Academy of Management Journal eine Studie veröffentlicht, die aussagt, dass altruistische Führungspersonen zu einer höheren Zufriedenheit der Kunden, zu verbesserten Leistungen der Mitarbeiter und zu einer auffallend geringeren Fluktuation im Betrieb führen.

Wenn Altruismus als Führungsqualität genannt wird, sollte jedoch nicht von einem Extremfall ausgegangen werden, indem der Vorgesetzte seine eigenen Interessen ausnahmslos hinter die Interessen der Mitarbeiter stellt. In der Praxis deutlich besser umzusetzen ist beispielsweise mehr Freiraum für die Mitarbeiter. Statt sie mit Imperativen und Anweisungen im Befehlston anzusprechen, werden mit offenen Fragen, freundlichen Erkundungen oder Vorschlägen bessere Ergebnisse erzielt und die Wahrnehmung und Meinung der Mitarbeiter nicht nur gewahrt, sondern konkret angeregt. Loyalität, Teamgeist und Identifikation mit dem Unternehmen sind häufig Folgen dieser abgeschwächten Form des Altruismus.

Und da Führungspersonen als Vorbilder angesehen werden, übernehmen Angestellte meist das Verhalten der Vorgesetzten und ahmen es nach. Durch den Altruismus entsteht so eine freundliche und respektvolle Kultur innerhalb des Unternehmens, das sich positiv auf die Effizienz der Arbeitsleistung auswirkt.

VERPFLICHTUNG

In ihrer Studie über Führungskompetenzen wertete Sunnie Giles aus, dass auch die Verpflichtung der Führungskraft, die Mitarbeiter zu fördern und zu fordern, eine enorm große Rolle spielt. Auf dem fünften Platz landete daher das Attribut „sich verpflichtet fühlen, mich permanent fortzubilden“ und den neunten Platz belegte „Mir helfen, selbst ein Leader zu werden“. Mitarbeiter erwarten demnach von einer guten Führungsperson, Hilfestellungen zu erhalten um sich individuell weiterentwickeln zu können und so die Karriereleiter emporsteigen zu können.

Wenn im Gegenzug an diese Förderung der Mitarbeiter der Führungskraft Loyalität und eine hohe Leistungsbereitschaft entgegengebracht werden, kann von einer Win-win-Situation gesprochen werden. Praktisch gesehen sind Feedback, sei es in Form von konstruktiver Kritik oder auch von Lob, ausschlaggebend für die Selbstreflexion, die Übertragung von Projekten und anderen verantwortungsvollen Aufgaben können ebenso wie Weiterbildungen die Entwicklung der Mitarbeiter fordern, und im gleichen Zuge das Team, die Mitarbeiter persönlich und die Führungsperson selbst stärken.

TOP SKILLS

Die Branchen verändern sich, Innovation und Entwicklung sind dauerhaft ein Gesprächsthema und Stillstand gilt als Verlust. An diese Situation muss sich nicht nur der gesamte Markt, sondern auch jeder einzelne Mitarbeiter bzw. Bewerber anpassen. Schon lange werden vor allem in Stellenanzeigen Flexibilität, Teamfähigkeit, Belastbarkeit, Verantwortungsbewusstsein, vielleicht auch Kreativität und Organisationstalent gefordert. Um aus der Masse herauszustechen, reichen die Top Skills, die jeder mitbringt oder mitbringen sollte, jedoch nicht aus. Auffallen kann nur jemand, der mehr oder etwas anderes kann, was nicht alltäglich ist. Doch bei all den genannten Eigenschaften noch zusätzlich nennenswerte Merkmale zu besitzen, ist gar nicht so einfach. Doch zum Glück sind nicht alle Eigenheiten von Beginn an festgelegt. Auch wenn es einige gibt, die bereits im frühen Kindesalter entwickelt und geformt werden, können andere Wesensarten auch im späteren Leben erlernt und verinnerlicht werden. Und genau diese, heben sowohl Führungskräfte als auch Angestellte von der breiten Masse ab. Wenn die Führungskraft zusätzlich zu den Eigenschaften noch ein gutes Vorbild darstellt, können diese im besten Fall übernommen werden und langfristig in die Unternehmenskultur mit aufgenommen werden.

Bislang spielt in den meisten Unternehmen der professionelle Bereich eine weitaus größere Rolle, als der Zwischenmenschliche. Denn auch eine angenehme Atmosphäre innerhalb der Belegschaft sorgt weder für wirtschaftlichen Erfolg, noch für vorzeigbare Fakten und Daten. Und trotzdem sollte dieses Gebiet keinesfalls unterschätzt werden. Denn emotionale Intelligenz und Kompetenz kann eine Führungskraft von anderen abgrenzen. Kommunikation ist hier der ausschlaggebende Punkt und die Basis. Darauf aufbauend müssen die eigenen und die Bedürfnisse und Emotionen der anderen Menschen erkannt werden, um im Folgenden darauf reagieren und eingehen zu können. Langfristig kann sich so eine persönliche Beziehung zwischen Führungsperson und Mitarbeitern aufbauen, die die Leistungsbereitschaft und den Erfolg der Mitarbeiter nachweislich erhöht.

Problemlösungskompetenz vermitteln

Für den Mitarbeiter ist es eine aufwandsarme und einfache Strategie, bei Problemen jeglicher Art den Vorgesetzten um Rat und konkrete Lösungsansätze zu fragen. Und als erfahrene und fachlich kompetente Führungsperson sollte dieser auch in der Lage sein, die Probleme aufzulösen. Von eigenem aber auch von langfristigem Vorteil für die Mitarbeiter ist es, wenn die Führungskraft nicht nur selbst die besten Lösungen erarbeitet, sondern wenn er seine Ansätze, um an das Ziel zu gelangen, offenlegt und den Mitarbeitern so seine Strategien vermittelt, damit sie in Zukunft selbst Probleme an der Basis erkennen und frühzeitig entsprechendes Verhalten ausarbeiten. Somit muss die Führungsperson nicht ständig in kleinere oder auch größere Probleme der alltäglichen Arbeit eingearbeitet werden und Zeit für die Lösungsfindung aufbringen, und gleichzeitig fördert die neue

Eigenständigkeit der Mitarbeiter ihr Selbstvertrauen und ihren eigenen Willen, diese Selbstständigkeit immer weiter auszubauen.

Interkulturell

In vielen Branchen ist Internationalität heutzutage völlig normal. Ob der eigene Konzern Standorte im Ausland hat, Geschäftsbeziehung zu anderen Ländern pflegt oder ausländische Mitarbeiter beschäftigt, oftmals gestaltet sich der Alltag länderübergreifend. Und wenn dies bislang nicht so ist, besteht eine hohe Wahrscheinlichkeit, dass der Fall in naher oder ferner Zukunft eintritt.

Umso wichtiger ist es für den Erfolg und die Anerkennung des Unternehmens, auf interkulturelle Kompetenz zu achten. Die Führungskraft wird unterschiedliche Mentalitäten und Einstellungen kennenlernen. Wenn sie diese berücksichtigt, darauf eingeht und sie respektiert, können produktive Geschäftsbeziehungen entstehen. Und wenn die gemachten Erfahrungen im Anschluss an die Mitarbeiter weitergegeben werden, können auch diese auf die jeweiligen landestypischen Eigenschaften eingehen und ebenso von dem Wissen des Vorgesetzten profitieren.

Kritisches Denken

Wer ständig Ja sagt und allem zustimmt, mag vielleicht wegen seiner angeblichen Umgänglichkeit und Einfachheit positiv auffallen. Mitarbeiter können davon ausgehen, in ihrem Vorhaben unterstützt zu werden und keine Ablehnung zu erhalten. Für das Betriebsklima kann dieser Fall womöglich ganz angenehm sein, für die Weiterentwicklung vom Mitarbeiter und vom Unternehmen jedoch ist die uneingeschränkte Zustimmung wenig produktiv. Effektiver ist das kritische Hinterfragen von Entscheidungen und von Abläufen, konkrete Verbesserungsvorschläge sorgen für Entwicklung und Innovation, Feedback kann und sollte ernstgenommen werden. Denn das eigene kritische Denken der Führungskraft löst auch bei den

Mitarbeitern eine Bereitschaft für Hinterfragen und Kritik aus. Und nur so kann sich ein Unternehmen ausbauen und ausbreiten.

Neugierde

Führungskräfte, die bereits fundierte Fähigkeiten auf jedem Gebiet besitzen, die jedes Thema bereits ausführlich bearbeitet haben und die alles wissen, gibt es nicht. Das verlangt oder erwartet jedoch auch keiner. Wichtiger ist das Vorhandensein von ausgeprägter Neugierde, das den Wunsch und den Drang nach Innovation und nach Veränderung mit sich bringt. Eine Neugier, die im Job ausgelebt werden kann, die mit dem Wandel der Digitalisierung einhergeht und den Spaß an Entwicklung hervorhebt. Ist eine Führungskraft mit solch einer Neugier ausgestattet, werden das Fachwissen und die zwischenmenschlichen Fähigkeiten automatisch davon profitieren.

Entwicklungsbereitschaft

Der Markt ist in ständiger Bewegung, die Branche dauerhaft in Erregung. Der Stillstand eines Unternehmens kann oft mit Rückschritt gleichgesetzt werden, während die Konkurrenz hofft, Vorteile daraus zu ziehen. Um den Erfolg nicht einzudämmen, müssen Betriebe also darauf achten, nicht auf der Stelle zu treten, sondern ebenfalls in Bewegung zu bleiben. Am besten verkörpert wird dieser Impuls nach Bewegung durch die Entwicklungsbereitschaft. Wenn die Führungskraft bereits einige Qualifikationen besitzt, genügt es nicht, sich auf diesen auszuruhen. Sie können und müssen erhalten bleiben, angeregt werden und als Basis für den nächsten Schritt angesehen werden. Gibt die Führungsperson diesen Antrieb auch an seine Mitarbeiter weiter und ermutigt sie, sich weiterzubilden und sich zu entwickeln, resultiert daraus ein Kreislauf aus Entwicklung und Weiterbildung, der vom Erfolg in kurzer Zeit belohnt wird.

Selbstorganisation

Eine gute Selbstorganisation ist die Grundlage für erfolgreiche und eigenständige Arbeit, wie sie von einer Führungskraft erwartet wird. Die Digitalisierung erleichtert hier die Arbeitsprozesse, indem ein dezentrales und digitales Zusammenarbeiten ermöglicht wird, und somit die Flexibilität zunimmt. Als Vorbild kann die Führungskraft diese Selbstorganisation an ihre Mitarbeiter weitergeben und von dem Arrangement Profit erzielen.

Konfliktfähigkeit

An jenen Orten, an denen unterschiedliche Meinungen und Auffassungen aufeinandertreffen, besteht auch ein generelles Konfliktrisiko. Denn Menschen mit verschiedenen Bedürfnissen erwarten auch verschiedene Verhaltensweisen. Da solch eine Situation auch am Arbeitsplatz Tag für Tag vorkommt, ist die Konfliktfähigkeit einer Führungskraft von großer Bedeutung. Sie akzeptiert so die unterschiedlichen Bedürfnisse und Meinungen und schafft eine Basis für die offene Auseinandersetzung mit diesen Problemen. Denn wenn versucht wird, Probleme zu vertuschen oder herunterzuspielen, können Missverständnisse auftreten, die die ganze Situation immens verschlimmern. Bei bekannten Reizthemen wie zum Beispiel religiösen Themen kann ein kluges Konfliktmanagement im Vorfeld die Auseinandersetzungen in Schach halten.

Digitale Kommunikation

Auch wenn die zwischenmenschliche Interaktion noch immer ein wichtiger Faktor der Kommunikation ist und bleibt, wird nebenbei auch die digitale Kommunikation stets wichtiger und ebenfalls eine bedeutende Rolle einnehmen. Um auch auf diesem Wege mit Kunden, Geschäftspartnern, Lieferanten oder Mitarbeitern bestmöglich den Kontakt zu pflegen, ist das nötige Knowhow unerlässlich. Dazu zählen neben Mails heutzutage auch Video- und Telefonkonferenzen und auch die Kommunikation über soziale Netzwerke. Da diese Kanäle in der Regel zum Alltagsgeschäft gehören, sollte die Führungskraft die Kommunikation hierüber beherrschen und unerfahrenen Mitarbeitern effektiv vermitteln können.

Selektion relevanter Informationen

Wenn nicht auf das Bauchgefühl gehört wird, benötigen die Entscheidungen und Handlungen informative Auskünfte als Basis. Um an diese zu gelangen, werden Datenbanken durchforstet, die eine Unzahl an Informationen bereithalten. Wer mit dieser Menge an Daten konfrontiert wird und mit einem produktiven Ergebnis aus der Recherche gehen will, der ist auf die Fähigkeit zu analytischem und kritischem Denken angewiesen. Denn nur mit solch einer Denk- und Vorgehensweise kann zwischen nützlichen und unnützen Informationen gefiltert werden, Daten können ausgewertet werden und eine Grundlage für Entscheidungen kann entstehen.

Eigenschaften und Kompetenzen erwerben

„Es ist noch kein Meister vom Himmel gefallen." Dieses Sprichwort verdeutlicht kurz und knapp, dass kein Mensch perfekt ist, dass nicht alle empfohlenen Eigenarten in einer Person verkörpert werden können und dass dies auch gar nicht erfordert wird. Trotzdem gibt es Menschen, die einen Charakter besitzen, der es ihnen leichter ermöglicht, andere erfolgreich zu führen und anzuleiten. Und es gibt solche, denen die nötigen Charakterzüge fehlen und die weder Freude noch Erfolg beim Leiten von Mitarbeitern haben.

Die erste Gruppe, die das nötige Potenzial mitbringt, um eine gute Führungskraft zu sein, ist jedoch nicht darauf angewiesen, von Anfang an alle Eigenschaften und Verhaltensmuster aufzuweisen. Auch wenn das Vorhandensein bestimmter Charakterzüge, die bereits im frühen Kindesalter oder als Jugendlicher angeeignet werden, nur Vorteile mit sich bringt, können andere Eigenarten auch problemlos später erworben werden.

Für manche Qualifikationen benötigt eine Führungskraft einfach Zeit und Ausdauer, denn sie entwickeln sich automatisch mit der Zeit. Geduld ist hier von Beginn an gefragt, um den Qualifikationen eben die Zeit zu geben, die sie nötig haben. Andere Merkmale können gezielt erlernt und ausgebaut werden. Wichtig ist jedoch von Anfang an, dass die Führungskraft auch in der Lage ist, sich selbst zu führen. Erst wenn der eigene Arbeitsalltag gut organisiert und strukturiert ist, kann diese Organisation auch an die Mitarbeiter übertragen werden.

Um selbst von einer effektiven Organisation profitieren zu können, müssen auch Führungspersonen ihre eigenen Verhaltensweisen und Leistungen immer wieder hinterfragen und entwickeln. Um nicht nur die

Selbstreflexion für die eigene Entwickelung nutzen zu können, kann das Team als wertvollste Ressource beschrieben werden. Denn die Mitarbeiter des Teams sind in der Lage, der Führungskraft ein konstruktives Feedback zu geben, ihr zu verstehen zu geben, wie der angewandte Führungsstil auf die Mitarbeiter wirkt und ob und wo sie Verbesserungspotential sehen.

Maßgebend für den Erfolg des konsequenten Erlernens ist das Setzen von klaren und vor allem realistischen Zielen. Das Ziel, eine gute Führungskraft zu werden, ist viel zu undefiniert und zu breit gefächert. Wenn jedoch auf einzelne konkrete Eigenschaften eingegangen wird und diese angestrebt werden, können sie wesentlich einfacher erreicht werden. Um solche Eigenschaften auszuwählen, kann der Blick auf den aktuellen Beruf oder die angestrebte Position hilfreich sein. Kompetenzen, die in diesen Posten wichtig und erforderlich sind, sollten oberste Priorität haben.

Wenn die nächsten klaren Ziele realistisch sind und eindeutig definiert wurden, kann nun begonnen werden, möglichst viele verschiedene Informationen rund um diese Kompetenzen zu sammeln. Bücher, Artikel in Zeitschriften oder auf Blogs, online Ratgeber oder auch Kurse oder Seminare können hier konkret helfen, sich das nötige Wissen rasch anzueignen. Denn nur wenn eine gute Grundlage aus fundiertem Wissen besteht, können gezielte Fortschritte gemacht werden. Unabdingbar ist spätestens an diesem Punkt jedoch die Bereitschaft und auch die Motivation der Führungskraft, Recherche, Zeit und Arbeit zu investieren. Wenn eine Führungskraft sich jeden Abend nach dem Abendessen fünf Seiten zu Mitarbeitermotivation in einem Coachingbuch durchliest, beweist es zwar den Willen, seine Mitarbeiter motivieren zu können, doch nur von dem Lesen selbst wird sich die Motivation der Angestellten nicht ändern und steigern.

Die Theorie in die Praxis umzusetzen kann also wohl die schwierigste aber gleichzeitig auch die wichtigste Partie sein, wenn es um den neuen Erwerb von Kompetenzen geht. Daher ist die tägliche Übung unerlässlich, bei jeder Gelegenheit kann und muss das neue Verhalten trainiert werden. Wenn es in den Alltag integriert wird, können die alten Gewohnheiten sich nach und nach ändern. Denn bis eine Routine sich fest geändert hat, braucht es einige Zeit und viel Konsequenz.

Umso wichtiger ist es deswegen, nicht nach den ersten Niederschlägen und Rückständen aufzugeben, die alten Gewohnheitsmuster doch weiterlaufen zu lassen und die Frustration Überhand nehmen lassen. Trotz und gerade wegen der meist anfänglichen Schwierigkeiten sollte der Fokus komplett auf die Ziele gerichtet werden. So kann das Negative drum herum einfacher ausgeblendet und als nicht ganz so drastisch angesehen werden. Denn eines sollten Führungspersonen nicht vergessen: sich Qualifikationen anzueignen, alte Gewohnheiten gegen neue zu ersetzen und diese fest in dem persönlichen Verhalten zu verankern, bringt eine Menge Zeit und Arbeit mit sich. Durchhaltevermögen sollte im besten Fall also bereits zu den Eigenschaften gehören, das erleichtert das Erreichen der eigenen Ziele.

Aufgaben einer Führungskraft

Im Allgemeinen haben die Aufgaben einer Führungskraft, unabhängig von der Branche, in der sie tätig ist, wenig bis gar nichts mit dem operativen Tagesgeschäft zu tun. Das heißt, dass alltägliche Routinearbeiten und die Sachbearbeitung auf dem Aufgabenzettel einer Führungsperson nicht zu finden sind. Mehr beschäftigen sich Führungskräfte mit der sogenannten Work-Life-Balance, also mit den Möglichkeiten, wie der Beruf und die Lebenssituation am besten vereinbart und kombiniert werden können. Ebenso zählt die Koordination von Aufgaben und eine damit einhergehende, weitestgehend freie, Entfaltung der Mitarbeiter zu den Tätigkeiten einer Führungsperson.

Da die Beziehungen zwischen Führungskraft und Mitarbeitern und zwischen den Mitarbeitern selbst eine wichtige Rolle für die Produktivität einer Abteilung spielt, beschäftigt sich die Führungskraft viel mit der Gestaltung dieser Beziehungen und agiert dabei nahezu jederzeit als Ansprechpartner. Konkret bietet sie eine offene Kommunikation an, und ist gewillt, mögliche Probleme oder Unstimmigkeiten aufzuklären und zu lösen. Auch regelmäßige Mitarbeitergespräche, die dementsprechend eine gewisse Zeit der Vor- und der Nachbereitung benötigen, geben Aufschluss über die Zufriedenheit der Mitarbeiter im Unternehmen, über die zwischenmenschliche Situation innerhalb der Abteilung und über Verbesserungsvorschläge.

Denn vor allem wenn ein Mitarbeiter sich bewusst ist, dass seine Meinung und seine Ideen ernstgenommen werden, er Verantwortung für eigene Aufgaben oder Projekte übernehmen darf und muss, wird er besonders motiviert. Folgen seiner Motivation sind meistens eine erhöhte Leistungsbereitschaft, und eine damit zusammenhängende gesteigerte Produktivität, die den Erfolg automatisch nach sich zieht. Ebenso am Erfolg direkt beteiligt ist eine Feedbackkultur, für die die Führungskraft zuständig ist.

Konstruktives Feedback geben, konkrete Beispiele und Vorschläge einbringen, Kritik annehmen und die Bereitschaft, auch an eigenen Schwächen zu arbeiten, all das wird von einer Führungsperson erwartet. Das Etablieren einer solchen Feedbackkultur wird als eine der wichtigsten Aufgaben von Führungskräften angesehen, zusammen mit der Pflege des Feedbacks und der Arbeit an genannten Kritikpunkten.

Vor allem aus Mitarbeitersicht auf einer ähnlich hohen Stufe befindet sich das Darlegen von Entwicklungs- und Weiterbildungsmöglichkeiten der Mitarbeiter. Wer sich nicht entwickelt, kann sich nicht verbessern, und seine individuellen Erfolge somit nicht steigern. Dementsprechend kann auch das Unternehmen die Erfolge nicht steigern, da diese eine Kumulation der vielen einzelnen Ergebnisse der Mitarbeiter sind. Hilfestellungen und die Aufklärung über mögliche Bildungsmaßnahmen sind daher sowohl für die Mitarbeiter, als auch für das Unternehmen selbst wichtige Aufgaben einer Führungskraft.

KONFLIKTMANAGEMENT

Konflikte entstehen dort, wo Menschen mit unterschiedlichen Meinungen aufeinandertreffen. Dabei muss nicht jeder Konflikt direkt negativ sein, weil ebendiese Meinungsverschiedenheiten und der generelle Austausch von Meinungen und Bedürfnissen grundlegende Bestandteile der Kommunikation, des Lernens und der persönlichen Entwicklung sind. Vor allem wo diese Art der Kommunikation konstruktiv verläuft, spricht nichts gegen den Konflikt, er ist sogar förderlich.

Wenn es sich jedoch um dekonstruktive Konflikte handelt, bei denen Zugeständnisse und Einlenken undenkbar sind, bei denen jede Partei davon ausgeht, die alleinige Wahrheit zu kennen und zu vertreten, können eine Verschärfung des Konflikts oder gar eine eskalative Situation die Folge sein, welche es dringend zu vermeiden gilt. Und genau das gehört unter dem Begriff „Konfliktmanagement“ zu den Aufgaben einer guten Führungskraft.

Die Führungsperson kann auf bestimmte Maßnahmen oder Methoden zurückgreifen, um eine Entschärfung des Konflikts herbeizuführen, und die Parteien zurück auf den Weg eines konstruktiven Dialoges zu führen, der eine gemeinsame Lösung vorsieht. Klare Ziele des Konfliktmanagements sind also die Bewältigung bestehender Konflikte, die proaktive Lösung notwendiger Konflikte sowie die Vorbeugung überflüssiger Konflikte.

Die erfolgreiche Bewältigung von Konflikten kann von fünf Aspekten eines Konfliktgespräches beeinflusst werden. Während einer solchen Ausnahmesituation sollten alle Parteien versuchen, immer sachlich zu bleiben. Persönliches gehört nicht in ein Konfliktgespräch und führt zu keiner Lösung. Auch wenn die Führungskraft selbst unsachlich angegriffen wird, oder eine der beteiligten Parteien, sollte auf diesen Tonfall nicht eingegangen werden. Ruhe bewahren und Souveränität sind die klügeren Verhaltensmuster. Eine ebenso wichtige Grundregel ist das Ausreden lassen. Unterbrechen zeugt von Respektlosigkeit und fördert das gegenseitige Verständnis nicht, es verschlechtert dies nur weiter.

Alle Standpunkte sollen gleichermaßen zugelassen und angehört werden, damit sie verstanden werden können. Nur so können Missverständnisse aus der Welt geräumt werden. Wenn nun im Folgenden deutlich gemacht wird, dass die Beweggründe verstanden und auf menschlichem Level respektiert werden, demonstriert das eine Wertschätzung, die entschärfend wirkt. Dennoch muss trotz dieses Verständnisses und des Respekts nicht die Meinung geteilt oder für gut befunden werden. Trotzdem bewirkt eine gewisse Kompromissbereitschaft in Konfliktsituationen mehr als das Beharren auf den eigenen Forderungen.

Der Wille zu einem anhaltenden Frieden sollte von jeder Partei aus geäußert werden und somit eine der wichtigen Gemeinsamkeiten darstellen. Denn wenn Gemeinsamkeiten gefunden werden, wird automatisch der Fokus weg von den Unterschiedlichkeiten gelenkt, hin auf das Verbindende.

In den meisten Fällen bilden diese gefundenen Gemeinsamkeiten später die Grundlage für eine gemeinschaftliche Lösung des Konflikts.

Trotzdem kann nicht davon ausgegangen werden, dass eine einzelne Führungskraft von heute auf morgen alle Konflikte lösen oder vorbeugen kann. Die Mithilfe des gesamten Teams ist gefragt, denn wenn die Mitarbeiter untereinander nicht bereit sind, die Konflikte konstruktiv und gemeinsam anzugehen und so eine übereinstimmende Lösung zu finden, kann auch das beste Konfliktmanagement diese ablehnende Haltung nicht ausgleichen.

Konfliktarten

Besonders wenn unterschiedliche Persönlichkeiten aufeinandertreffen, sind Konflikte vorprogrammiert. Manche Menschen sind selbstbewusst, andere schüchtern, die einen zurückhaltend, wieder andere risikofreudig. So unterschiedlich die Charakterzüge sind, so unterschiedlich können auch die Ursachen für die Unstimmigkeiten sein. Im Berufsalltag sind folgende sechs Konflikte besonders oft vorzufinden.

Kommunikationskonflikte

Wenn zum Beispiel mittels Gestik und Mimik auf verschiedenen Ebenen miteinander kommuniziert wird, können Missverständnisse, die nicht sofort aufgelöst werden, zu Kommunikationskonflikten ausarten. Ebenso kann es aus organisatorischer Sicht zu solchen Konflikten kommen, wenn keine oder nicht genügend Kommunikation stattfand. Wenn beispielsweise ein Mitarbeiter nicht ausreichend in die Entscheidungsfindung einbezogen worden ist und somit am Entschluss nicht mitwirken konnte, kann der daraus resultierende Widerstand als Kommunikationskonflikt angesehen werden.

Beziehungskonflikte

Wenn keine rationalen Gründe ersichtlich sind, ist oft von Beziehungskonflikten die Rede. Unsichtbare Antipathien belasten jedes Aufeinandertreffen, unterschwellig werden dann meistens subtile Anfeindungen geäußert und wie kleine Pfeile abgefeuert mit dem Ziel, die andere Person zu schädigen. Schnell wird in Beziehungskonflikten aus einer sachlichen Unstimmigkeit eine persönliche Differenz, die mit der Zeit sogar noch eskalieren kann.

Rollenkonflikte

Gruppen bestehen in der Regel aus einer Vielzahl an verschiedenen Rollen, die von den Mitgliedern der Gruppen eingenommen werden. Ausgesprochene oder unausgesprochene Erwartungen werden an die einzelnen Rollen gestellt, die oftmals jedoch nicht unbedingt die persönlichen Ziele oder Eigenschaften der Personen widerspiegeln. Wenn die Rolle einer Person sie also daran hindert, die eigenen Ziele zu verfolgen, wird von einem Rollenkonflikt gesprochen.

Wertkonflikte

Verschiedene Arbeitsauffassungen können Wertkonflikte auslösen, bei denen die Vorgehensweisen bei Aufgaben voneinander abweichen oder gar gegensätzlich sind. Wenn ein Mitarbeiter eindeutig geregelte Abläufe bevorzugt, kann ein anderer spontane Prozesse besser verarbeiten. Wenn diese Mitarbeiter im alltäglichen Geschäft oder in Projekten jedoch gezwungen sind, gemeinsam zu arbeiten, kann es zu problematischen Unstimmigkeiten kommen.

Sachkonflikte

In Sachkonflikten fokussiert sich das Problem tatsächlich auf eine Sache, das kann eine Uneinigkeit oder eine Meinungsverschiedenheit sein. Unterschiedliche Vorstellungen über Lösungsvorschläge oder über die

Prioritäten von Zielen scheinen oftmals auf den ersten Blick nicht vereinbar, können aber oft doch erfolgreich aufgelöst werden.

Machtkonflikte

Betriebliche Konflikte können jedoch keineswegs nur unter Mitarbeitern stattfinden, auch Führungspersonen wie Abteilungsleiter können direkte Beteiligte sein. Wenn beispielsweise zwei Abteilungen aus Kostengründen oder der Organisation wegen zusammengeführt werden, und keine der bisherigen Führungspersonen darunter leiden möchte, kann es zu einem Machtkonflikt kommen. Die Lösung einer solchen Auseinandersetzung ist oftmals schwierig und langwierig, jedoch muss, wie in jedem Konflikt, auch unter Führungskräften eine Lösung gefunden werden.

Beispielsituationen im Konfliktmanagement

Konflikt im Brautmodengeschäft

Sie arbeiten seit vier Jahren in einem Brautmodengeschäft in der Fußgängerzone einer deutschen Großstadt. Vor gut sechs Monaten wurden Sie zur stellvertretenden Filialleitung befördert und verkörpern seither eine gute Führungskraft. Mit Ihnen arbeiten neben der Filialleitung in dem Geschäft drei Verkäuferinnen, ein Verkäufer und zwei Änderungsschneiderinnen auf freiberuflicher Basis. Eine der Verkäuferinnen sowie der männliche Kollege sind nach Ihnen eingestellt worden. Seit ein paar Wochen häufen sich die Reibereien zwischen den Verkäuferinnen Frau Köster und Frau Eilers, die nicht nur Ihnen, sondern auch den Kollegen und teilweise den Kundinnen und Kunden schon aufgefallen sind.

Um den guten Ruf nicht zu gefährden und das angenehme Arbeitsklima zu bewahren, laden Sie am Montag Frau Eilers auf einen Kaffee ein und bitten sie zu einem ehrlichen Gespräch. Sie sprechen die Mitarbeiterin darauf an, dass Sie das Gefühl haben, dass es Unstimmigkeiten zwischen Frau Köster und ihr gäbe, und ob ein Problem vorliegt, das gemeinsam behoben werden könnte. Etwas irritiert und überfordert mit der Situation verneint Frau Eilers die Frage, sie habe kein Problem mit ihrer Kollegin.

Aber nach einer kurzen Pause gibt sie zu, dass sie sich in letzter Zeit oft fehl am Platz gefühlt hat, wenn sie zusammen mit Frau Köster eine Anprobe machen sollte. Ihre Kollegin lässt dann nach außen hin oft den Anschein erwecken, dass sie über ihr stehe, dass Frau Eilers sowieso weder Erfahrung noch Talent hätte und gerade gut genug ist, um Brautkleider aus dem Keller zu holen.

Und wenn sie sich in solchen Situationen vor den Kunden weigert, den Aufforderungen der Kollegin nachzugehen, weil sie andere Vorschläge einbringen möchte, würdigt Frau Köster sie keines Blickes mehr und ignoriert sie bis zum Ende des Termins. Ganz verstehen kann Frau Eilers das Verhalten nicht, sie weiß jedoch, dass ihr Mann vor einigen Jahren eine kurze Beziehung mit einer gleichnamigen Frau hatte, diese jedoch für sie verlassen hat. Ob es sich bei dieser Affäre tatsächlich um ihre Kollegin Frau Köster handelt, weiß Frau Eilers jedoch nicht mit Sicherheit, das könnte das unfreundliche Auftreten aber erklären.

Sie haben mit vielem gerechnet, mit solchen detaillierten Beschreibungen und sogar der Vermutung der Ursache dieser Unstimmigkeit allerdings nicht. Nachdem Sie sich bei Ihrer Mitarbeiterin für die ehrlichen Worte bedanken und ihr versichern, dass die Situation mit ihrer Kollegin aufgrund dieser Unterhaltung nicht noch verschlimmert wird, überlegen Sie sich eine Strategie, wie Sie das Gespräch mit Frau Köster beginnen können.

Sie warten den Nachmittag ab und bringen Ihrer Mitarbeiterin Frau Köster am nächsten Morgen ein Brötchen vom Bäcker mit, und fragen sie, ob sie gemeinsam frühstücken wollen. Als sie das Angebot dankend annimmt und sich mit Ihnen in den Pausenraum setzt, beginnt sie den Smalltalk über den anstehenden Arbeitstag. Sie gehen darauf ein, und lenken das

Gespräch nach kurzer Zeit auf einen Termin mit einer Braut, den eigentlich Frau Eilers führen soll. Sie äußern angebliche Bedenken, ob Frau Eilers eine richtige Vorauswahl präsentieren wird, da die Braut als schwierige Kundin bekannt ist. Darauf ist Frau Köster nicht vorbereitet, springt jedoch auf die Bedenken sofort an und fängt an, abfällig über ihre Kollegin zu sprechen. Sie beschreibt, wie Frau Eilers oft den Geschmack der Kunden absolut verfehlt und sich unhöflich verhält, wie unangemessen ihre Kommentare ihr gegenüber vor den Bräuten sind und dass sie das Gefühl hat, dass Frau Eilers sie gar nicht als gute Kollegin wahrnimmt und wertschätzt.

An diesem Punkt unterbrechen Sie Ihre Mitarbeiterin und bitten sie, zu erläutern, inwiefern Frau Eilers sie nicht wertschätzt. Konkrete Beispiele kann Frau Köster nun nicht nennen, aber laut eigener Aussage habe sie so ein Gefühl, dass da etwas nicht passt zwischen ihnen. Um nicht preiszugeben, dass Sie bereits mit Frau Eilers das Gespräch gesucht haben und ihr Glauben geschenkt haben, behalten Sie die Vermutungen über eine gemeinsame Verbindung in der Vergangenheit der Frauen für sich. Sie bedanken sich für die Unterhaltung mit Frau Köster und wenden sich Ihren täglichen Aufgaben zu.

Nach Feierabend wenden Sie sich an die Filialleitung, um sie über die Mitarbeitergespräche zu informieren. Um den Konflikt zwischen den Damen nicht weiter wachsen zu lassen, sollte die Situation entzerrt werden. Über die weitere Vorgehensweise und das nötige Konfliktmanagement unterhalten Sie sich nun mit Ihrer Vorgesetzten.

Um was für eine Art des Konflikts handelt es sich in diesem Beispiel? Sind Sie als Führungskraft in der Lage, den Konflikt zu lösen? Wie können Sie vorgehen, um die Umstände zu erleichtern und für eine Lösung der Auseinandersetzung zu sorgen? Oder muss das Problem als unlösbar angesehen werden und sich das Geschäft entweder auf ein dauerhaft angespanntes

Verhältnis zwischen den Frauen einstellen, oder sich von einer der Frauen trennen?

Konflikt in der Buchhandlung

Sie haben eine Ausbildung zum Buchhändler erfolgreich abgeschlossen, wurden in Ihrem Unternehmen übernommen und konnten nach einigen Monaten Arbeitserfahrung verschiedene betriebsinterne Kurse und Seminare zu Personalführung und Mitarbeiterbindung, aber auch zu fachbezogenen Themen wie internationaler Belletristik absolvieren. Zeitgleich haben Sie an einer Fortbildung zum Fachwirt des Buchhandels teilgenommen, die zum größten Teil online abläuft und 12 Monate andauert.

Mit all diesen Qualifikationen konnten Sie überzeugen, als eine neue Filialleitung in Ihrer Nachbarstadt gesucht wurde. Nach einer Probearbeitswoche wurden Sie als neuer Filialleiter eingestellt und haben seitdem die Verantwortung für sechs Mitarbeiter übernommen. Um die Niederlassung bekannter und erfolgreicher werden zu lassen, haben Sie ein Konzept entwickelt, das monatliche Events, Veranstaltungen, Rabattspiele und ähnliches anbietet. In diesem Monat konnten Sie eine international bekannte deutsche Autorin für sich gewinnen und haben Ihre Kunden zu einer Autorenlesung mit anschließender Frage- und Autogrammrunde eingeladen.

Das Ereignis soll am ersten Freitag des Monats stattfinden, die Lesung beginnt um 17 Uhr und ist für eine Stunde angesetzt. Sie haben sich bereits im Vorfeld darum gekümmert, dass die Auszubildende im Anschluss daran für das leibliche Wohl sorgt und Kaffee und Tee bereitstellt. Eventuelle Erlöse durch Spenden sollen einer Plattform für Neuautoren zugutekommen, Ihr Ziel der Veranstaltung ist in erster Linie, Kunden zu gewinnen, die Buchhandlung als Ort der Begegnung und des Wohlbefindens zu präsentieren und Aufmerksamkeit zu bekommen, denn in Zeiten von eBooks und online Versandhäusern hat es der ortsansässige Einzelhandel nicht immer leicht.

Kurzfristig werden Sie gebeten, einen Kollegen auf einer Fortbildung zu vertreten und Gastvorträge über das Thema Marketing und Marketingkonzepte zu halten. Sie gehen der Einladung nach und sind von Dienstag bis Donnerstag auf der Fortbildung. Ihre Assistenz erledigt gemeinsam mit Ihren Mitarbeitern die anfallenden Tätigkeiten vor Ort in der Filiale. Wer sich konkret mit den letzten Vorbereitungen für die Autorenlesung auseinandersetzen soll, wurde von Ihnen vor der Reise nicht mehr angesprochen.

Frau Siebig, eine Mitarbeiterin, die auch in den vergangenen Monaten meistens die Events mit Ihnen zusammen geplant und umgesetzt hat, hat sich der Aufgabe eigenmächtig angenommen und sich mit den letzten Vorbereitungen beschäftigt. Sie hat eine Einkaufsliste für die Auszubildende geschrieben, eine Skizze des Verkaufsraums angefertigt, wie er für die Lesung umgestellt und dekoriert werden soll, letzte Einladungen per Mail an Stammkunden geschickt und angefangen, ein Plakat für das Schaufenster zu erstellen. Ebenfalls hat sie den Aufsteller, der am Tag der Veranstaltung vor der Eingangstür des Ladens positioniert werden soll und so die Aufmerksamkeit vorbeigehender Passanten auf die anstehende Lesung lenken soll, mit entsprechenden Daten und der Skizze einer einladenden Tasse und einem Buch versehen.

Gemäß ihrer Vorstellung sollen die frei bewegbaren Regale, die momentan mit Kinderspielen und saisonalen Büchern bestückt sind und in der Mitte des Verkaufsraums stehen, für die Zeit des Events in den Hinterraum geschoben werden. Wenn nun das Regal mit Schulmaterialien und Bastelbedarf an die freie Wand geschoben, und mit Büchern der Autorin versehen wird, ist somit nicht nur für eine kleine Werbung der Autorin selbst gesorgt, gleichzeitig bietet der Raum so genug Platz für ein kleines Pult und einige Stühle. Frau Siebig hat Zeichnungen angefertigt um zu ermitteln, in welcher Art und Weise die Stühle am sinnvollsten angeordnet werden können, damit möglichst viele Besucher einen Sitzplatz mit gutem Blick auf die Autorin haben.

Sie kam zu dem Ergebnis, dass das Pult der Autorin vorne in der Mitte des Verkaufsraumes platziert werden sollte, und die Stühle in Reihen mit je 6 Stühlen geformt wie ein breitgezogenes V gestellt werden sollten. Aus dem Keller hat sie bereits den kleinen runden Beistelltisch geholt und dekoriert, damit er in der Ecke neben der Eingangstür Platz für die Kaffee- und Teerunde bietet. Frau Siebig ist mit der Ausarbeitung der Lesung zufrieden und begibt sich in ihren Feierabend, um am Donnerstag noch einmal mit der Auszubildenden die Einkaufsliste sowie ein paar Tipps für die Veranstaltung zu besprechen. Ihre kleine Mappe, in der sie alle Skizzen, Notizen und Unterlagen aufbewahrt, lässt sie auf ihrem Schreibtisch im Büro liegen, direkt neben dem Hefter mit den Bestellunterlagen der Kunden.

Als Frau Siebig am Donnerstagmorgen die Filiale betritt, würdigt Frau van Velder, die stellvertretende Filialleiterin, sie keines Blickes. Nachdem Frau Siebig ihre Jacke und ihre Tasche im Büro abgelegt hat, fällt ihr auf, dass sowohl der Hefter mit den Bestellunterlagen, als auch ihre Planungsmappe nicht mehr auf dem Schreibtisch liegen. Empört sucht sie Frau van Velder und fragt zügig nach, wo ihre Mappe ist, die sie gestern im Büro hat liegen lassen. Frau van Velder zieht die Kladde aus der Schublade unter der Kasse hervor und überreicht sie wortlos ihrer Kollegin. Wütend und erregt verlässt Frau Siebig den Kassenbereich und gesellt sich zu der Auszubildenden in den Hinterraum. Um diese bei der Erledigung der Aufgabe nicht zu stören, fragt Frau Siebig leise und knapp, ob sie zu ihr ins Büro kommen könne, um letzte Details für die morgige Lesung zu klären, sobald sie mit der Aufgabe fertig ist. Freundlich nickend bejaht die Auszubildende die Frage, Frau Siebig begibt sich erneut ins Büro und erledigt die Bestellungen.

Einige Zeit später klopft die Auszubildende an die Bürotür und tritt ein, sie setzt sich zu Frau Siebig an den Schreibtisch. Die beiden Frauen beginnen ein wenig Small-Talk, kommen jedoch schnell auf das eigentliche Thema zu sprechen. Die langjährige Angestellte stellt der Auszubildenden ihre Pläne vor und erläutert ihre Vorschläge, die Auszubildende ist begeistert und sichert ihr ihre Unterstützung zu. Mit der Einkaufsliste geht sie nach der Mittagspause einkaufen. Das Verhältnis zwischen Frau Siebig und der stellvertretenden Filialleiterin Frau van Velder bleibt den Donnerstag über angespannt und auf ein Minimum reduziert.

Diese emotionsgeladene Situation zwischen den Frauen bemerken auch Sie sofort, als Sie am Freitagmorgen das Büro betreten. Während Frau Siebig sich offensichtlich freut, Sie zu sehen, und mit einem kleinen Ordner auf Sie zukommt, nachdem sie ihr fröhliches Gespräch mit der Auszubildenden beendet hat, befindet sich Frau van Velder im Hinterraum und hält sich komplett aus der Situation heraus. Da Sie nicht wissen, ob etwas Besonderes vorgefallen ist, oder ob es einen Grund gibt, warum Frau van Velder Ihre und die Gesellschaft der Kolleginnen meidet, fragen Sie Frau Siebig. Diese rollt mit den Augen und schildert die Ereignisse des Vortages knapp.

Sie beschreibt, dass niemand über die konkrete Planung und Verwirklichung der Lesung gesprochen hat und dass sie also die Zügel in die Hand genommen hat, da sie mit Ihnen gemeinsam ja oft Veranstaltungen organisieren durfte. Nach Feierabend hat Frau van Velder dann offenbar ihre Mappe mit Notizen gefunden und einbehalten. Weiter über den Vorfall gesprochen haben sie nicht miteinander, aber seit Frau Siebig Ihre Assistentin nach ihrer Mappe gefragt hat, und Frau van Velder sie ihr wortlos überreicht hat, ist das Verhalten wenig kollegial. Sie beschließen, die Situation sofort zu klären und suchen das Gespräch mit Frau van Velder.

Um was für eine Art des Konflikts handelt es sich in dieser Situation? Wie hätte die Auseinandersetzung vermieden werden können? Wie können Sie als Führungskraft nun vorgehen, um das Verhältnis zwischen Frau Siebig und Frau van Velder zu verbessern? Ist es gerechtfertigt, sich auf eine der beiden Seiten zu stellen, oder sollte die Objektivität gewahrt werden?

Warum eine gute Führung wichtig ist

FÜR DAS UNTERNEHMEN

Die Position einer Führungskraft kann in etwa wie eine Schnittstelle zwischen der Unternehmensleitung und den Mitarbeitern beschrieben werden. Weil das Erreichen von betrieblichen Zielen mit dem einsetzenden Erfolg fast gleichzusetzen ist, hat eine Führungskraft die wichtige Aufgabe, diese unternehmerischen Ziele den Mitarbeitern deutlich zu machen und nahezubringen und jedem Einzelnen den individuellen Beitrag aufzuzeigen, den er zum Erreichen der Ziele beisteuern kann.

Da Wachstum und Erfolg nur stattfinden können, wenn auch die Mitarbeiter sich bilden, weiterentwickeln und gefördert werden, nimmt die Führungskraft auch hier eine vermittelnde Rolle ein. Die Führungsperson sollte in der Lage sein, die Stärken und das Potenzial der Mitarbeiter zu erkennen und einzuschätzen, ihnen dementsprechende Möglichkeiten aufzuzählen, wie die Mitarbeiter sich fortbilden können. Das können Sprachkurse für mehr Internationalität sein, Abendkurse zum Betriebswirt oder anderen Fachwirten, betriebsinterne Fortbildungen oder ähnliche Maßnahmen zur beruflichen oder persönlichen Weiterentwicklung.

Denn das Unternehmen profitiert von gut ausgebildeten Arbeitskräften und kann Wachstum und Erfolg steigern. Doch nicht nur der Profit steht und fällt mit der Zufriedenheit der Mitarbeiter. Nur wenn die Angestellten sich wertgeschätzt und frei fühlen, sind sie bereit, Überstunden zu machen, in Krankheitsfällen für den Kollegen einzuspringen, Verbesserungsideen einzubringen, Prozesse zu optimieren oder Unmögliches für den Kunden möglich zu machen. Zu all diesen zusätzlichen Leistungen sind Mitarbeiter meistens jedoch nur bereit, wenn sie dafür belohnt werden, entweder mit kleinen Aufmerksamkeiten, mit Wertschätzung, mit noch mehr Verantwortung, mit einem behaglichen Arbeitsklima oder ähnlichem. Arbeiten die Mitarbeiter unter einer schlechten oder einer schlecht qualifizierten Führungskraft, lässt im Allgemeinen auch die Bereitschaft für solche ergänzenden Arbeiten spürbar nach.

Und so steckt das Unternehmen in bestimmten Prozessen fest, da niemand sie optimiert, den Kunden wird nicht das Gefühl von Wichtigkeit und Einzigartigkeit vermittelt, wenn die Regelarbeitszeit um ist, wird übrig gebliebene Arbeit nicht noch erledigt, und in Krankheitsfällen bleibt die Arbeit des ausgefallenen Mitarbeiters im schlimmsten Fall einfach liegen. Gute Führungskräfte, die auf die Mitarbeiter eingehen, bedeuten dementsprechend Erfolg, Fortschritt, Einzigartigkeit und Behagen und sind unabdingbar für wachsende Unternehmen.

FÜR DAS ZWISCHENMENSCHLICHE

Persönliche Kreativität, Selbstständigkeit und Wertschätzung gehören laut Studien zu den wichtigsten Arbeitsbedingungen am Arbeitsplatz, wenn es um zufriedene und produktive Mitarbeiter geht. Um diese Umstände zu erreichen, muss die Führungskraft die eigenen Stärken und Schwächen und, in mindestens dem gleichen Maße, die Stärken und Schwächen der Mitarbeiter kennen und einschätzen können. Nur so kann im folgenden Schritt Verantwortung übertragen werden, und die Kreativität der Mitarbeiter angesprochen werden. Die Mitarbeiter sind meistens allerdings nur bereit, die Verantwortung zu übernehmen, wenn die Beziehung zwischen ihnen und der Führungskraft von Vertrauen und Toleranz gekennzeichnet ist.

Durch die Erfüllung der Erwartungen der Mitarbeiter kann die Führungsperson die Beziehung stärken und für ein Gefühl von Sicherheit sorgen. In der Regel erwarten Angestellte von einer guten Führungskraft, dass sie konsequent ist und verbindliche Entscheidungen trifft. Währenddessen ermöglicht sie den Mitarbeitern abwechslungsreiche und fordernde

Aufgaben und geht auf die individuellen Stärken ein. Die vertrauensvolle Zusammenarbeit liegt der Führungsperson ebenso sehr am Herzen wie die Unternehmensphilosophie.

FÜR DIE FÜHRUNGSKRAFT SELBST

In den meisten Betrieben gibt es Bereiche, in welchen nicht die geforderten Ergebnisse erreicht werden, die nicht so erfolgreich arbeiten wie geplant und erwünscht. Oftmals kennzeichnen eine niedrige Arbeitsleistung und wenig Leistungsbereitschaft der Mitarbeiter diese Abteilungen, die in der Regel sogar noch eine schlechte Arbeitsqualität aufweisen. Geringes Engagement und mangelnde Loyalität seitens der Angestellten, ein auffällig hoher Krankenstand, zu dem auch Burn-Out-Fälle gezählt werden, können hier ebenso beobachtet werden wie eine hohe Fluktuation und keine geschlossene Zusammenarbeit innerhalb des Teams

Rund um negative Ergebnisse und schlechte Verhaltensweisen gehen von solchen Bereichen aus, nur unter enormen Druck können gute Leistungen erbracht werden. All diese Merkmale können direkte Folgen einer schlechten Führung durch die Führungskraft sein. Denn die Mitarbeiter richten ihr Verhalten nach der Kultur der Führung, sie sind vom Verhalten der Führungsperson geprägt und können es anhand der erzielten Ergebnisse weitestgehend spiegeln. Ein noch deutlicheres Feedback gibt es kaum, um einer Führungskraft die fehlenden Führungsqualitäten aufzuzeigen. Im Gegenzug können jedoch die Führungskräfte von erfolgreichen und produktiven Abteilungen davon ausgehen, dass sie ihre Mitarbeiter gut führen, dass sie eine nachahmenswerte Kultur vorleben und sie in der Tat ein gutes Vorbild sind. Dieses Lob zu erkennen und anzunehmen bestärkt die Führungsperson in ihrem Verhalten und bewirkt eine angenehme Atmosphäre innerhalb der Abteilung und zwischen der Führungskraft und den Mitarbeitern.

Das ABC der Führungskräfte

A wie Ansprechen

Probleme, Fehler oder Schwächen sollten nicht einfach ignoriert werden und unbeachtet bleiben, ein offenes Gespräch bewirkt langfristig mehr Erfolge, als der Versuch, Schwierigkeiten unsichtbar zu machen. Dabei ist eine gegenseitige Kommunikation der Schlüssel zu zufriedenen Mitarbeitern. Nicht nur die Führungskraft ist in der Lage, Probleme anzusprechen, auch Mitarbeiter können eigene Fehler oder Schwierigkeiten mit oder unter Kollegen ansprechen.

B wie Beraten

Als Führungskraft wird gleichzeitig auch eine Beratungsstelle eingenommen. Sowohl für professionelle, als auch für das Unternehmen wichtige persönliche Fragen und Probleme ist die Führungskraft eine Anlaufstelle für Mitarbeiter. Die Antwort der Führungsperson ist in der Regel jedoch nicht starr und festgelegt, sondern lediglich eine Beratung. Vorschläge, wie Situationen und Gefühle verbessert werden können, Anregungen um die Probleme zu umgehen oder Hinweise, wie sich die andere Partei des Konflikts fühlen könnte. Diese Empfehlungen und Hilfestellungen verkörpern die persönliche Wertschätzung der Führungskraft für den einzelnen Mitarbeiter, der sich dadurch wichtig und ernstgenommen fühlt. Und dank der nicht eindeutigen Wegweiser selbst entscheiden kann, wie er seinen Weg weiter fortsetzt, und nicht an Eigenständigkeit verliert.

C wie Coach

Im Sport ist ein Coach essentiell und während des Trainings stets Ansprechpartner, der darauf achtet, dass Übungen selbstständig und korrekt durchgeführt werden. Ähnelt das Verhalten einer Führungskraft im übertragenen Sinne dem eines Coaches, so ist die Erfolgsquote der Mitarbeiter vermutlich sehr hoch. Denn dank der intensiven Betreuung zu Beginn des Trainings und dank der Aufmerksamkeit auf die richtige Ausführung von

Aufgaben, kann ohne großen Druck schnell die erforderliche Selbstständigkeit der Mitarbeiter erreicht werden.

D wie Delegieren

Im Duden wird Delegieren mit „abordnen“ oder „eine Aufgabe übertragen“ erläutert. Und verständlicherweise gehört das Abgeben von Aufgaben und vor allem auch von Verantwortung zu einer wichtigen Führungsqualität. Das entgegengebrachte Vertrauen stärkt die Motivation und die Kreativität der Mitarbeiter, fördert das eigenständige Arbeiten und entlastet gleichzeitig den Arbeitsalltag der Führungskraft. Da das Delegieren also nur Vorteile mit sich bringt, sollte jede Führungsperson diese Stärke kennen und einsetzen, um davon zu profitieren.

E wie Entschuldigung und Eingeständnis

Auch wenn es dem Stolz oftmals nicht sonderlich gut passt, lassen Entschuldigungen und Eingeständnisse das Verhältnis zwischen Führungskraft und Mitarbeiter oft besser und tiefer werden. Fehler zugeben, zu Unwissen stehen und Lob aussprechen sorgen für Anerkennung und Respekt der Mitarbeiter.

F wie Fehler

Schon die alten Römer wussten *erare humanum est*, auf Deutsch 'Irren ist menschlich'. Jeder Mensch macht Fehler und dem sollten sich auch sowohl Führungskräfte als auch die Mitarbeiter bewusst sein. Ein Fehler ist kein Grund für weniger Selbstvertrauen, für Mobbing am Arbeitsplatz oder für den vollkommenen Entzug von Verantwortung. Fehler passieren, Fehler können korrigiert und ausgebessert werden, um nicht noch einmal wiederholt zu werden. Und dabei sollte es belassen werden. Einer Führungskraft können ebenso Fehler unterlaufen wie jedem anderen Mitarbeiter eines Unternehmens. Die passende Lösung für den Fehler sollte aber auf jeden Fall im Vordergrund stehen.

G wie Gehör

Jeder Mensch hat ein Gehör. Und bei den meisten funktioniert es auch einwandfrei. Und dennoch wird nicht jedem Mitarbeiter Gehör geschenkt. Egal ob es Kleinigkeiten oder große Worte sind, eine Führungskraft sollte demjenigen sein Gehör schenken, der es fordert und gehört werden möchte. Natürlich fehlt vor allem im Arbeitsalltag häufig die Zeit, um eine Sprechstunde für gehörsuchende Mitarbeiter einzurichten, aber das wird von einer Führungsperson auch gar nicht gefordert.

Wenn die Notwendigkeit besteht, und sich ein Mitarbeiter im Vertrauen an die Führungskraft wendet, sollte es entweder zu einem Gespräch kommen, oder aber zumindest ein Termin für eine Unterhaltung in naher Zukunft vereinbart werden. Nur so kann die Führungskraft zeigen, dass ihm das Anliegen seiner Mitarbeiter wichtig ist.

H wie Humor

Hat eine Führungskraft Humor, und lässt sie Humor im Arbeitsalltag zu und macht Späße mit, hat das weitaus größere Folgen als ein schallendes Gelächter nach einem Witz am Morgen. Humor verbindet, lässt eine Gemeinschaft mehr zusammenwachsen und wirkt sich positiv auf Stress und Druck aus. Denn Lachen ist ein aktives Mittel zur Stressbewältigung, freigesetzte Glückshormone steigern die Produktivität und beugen Müdigkeit vor. Außerdem wirkt sich Humor auch zustimmend auf eine angenehme Arbeitsatmosphäre aus.

I wie Involvieren

Eine Führungskraft involviert seine Mitarbeiter, und bezieht sie in kleine und große Entscheidungen mit ein. Im Vordergrund stehen nicht unbedingt aufwendige Anschaffungen oder kostenintensive Beschlüsse, es geht vielmehr um Alltagsfragen und Meinungen. Wird beispielsweise ein Plakat für das Sommerfest erstellt, kann auf dem Rückweg vom Drucker in die Runde gefragt werden, welche Vorlage besser gefällt. Oder bei der Bestellung zur Auffüllung des Kaffeeautomaten kann auf Vorlieben und

Wünsche der Mitarbeiter eingegangen werden, wenn diese im Vorfeld erfragt wurde. All diese kleinen Aufmerksamkeiten und Fragen verbessern das gesamte Arbeitsklima mit der Konsequenz, dass die Mitarbeiter sich am Arbeitsplatz wohler fühlen, sich wertgeschätzt fühlen und im Gegenzug auch auf die Meinung und Bedürfnisse der anderen eingehen.

J wie Jetzt

Auch wenn besonders für den Erfolg eines Unternehmens die vernünftige und realistische Planung der Zukunft von großer Bedeutung ist, sollte eine Führungsperson auch die Gegenwart, das Hier und Jetzt, nicht vergessen oder unterschätzen. Die Ziele sollten stets vor Augen bleiben, aber das Sprichwort „Der Weg ist das Ziel" ist ebenso wichtig wie wahr. Wird viel Druck auf die Mitarbeiter ausgeübt, um die Ziele zu erreichen, oder mangelt es an Einbindung und Ernstnehmen der Gedanken der Mitarbeiter, werden die Ziele tendenziell weniger erfolgreich erreicht.

Achtet die Führungskraft darauf, die Gegenwart, den heutigen Arbeitstag, die Woche und vielleicht den Monat angenehm zu gestalten, werden die Mitarbeiter dies ebenso tun. Die Zahlen, die am Ende des Geschäftsjahres in der Bilanz vorzufinden sein sollen, können wöchentlich noch übertroffen werden, und für ein entspanntes Jetzt sorgen.

K wie kurze Worte

Die Fähigkeit, Reden zu halten, wird einer Führungskraft quasi vorausgesetzt. Der Trick von wirkungsvollen Reden sind aber nicht Fachbegriffe und komplizierte Substantive in verschachtelten Sätzen, die starr vom Papier abgelesen werden. Spontaneität, viele Verben, kurze und prägnante Worte bleiben länger im Gedächtnis und sind einfacher zu verarbeiten. Alltagsbegriffe gehören ebenso in eine gute Ansprache der Führungskraft wie persönliche Ich- und Wir-Botschaften anstelle von dem unpersönlichen „man" oder „sollte".

L wie Loyalität

In jeder Branche, in der Mitarbeiter im direkten Kontakt mit Kunden stehen, besteht die Gefahr von Auseinandersetzungen und Meinungsverschiedenheiten. Ob der Fehler vom eigenen Mitarbeiter oder vom Kunden gemacht wurde, ob es sich lediglich um ein Missverständnis handelt oder ob jemand Außenstehendes für die Unstimmigkeit verantwortlich ist, Führungskräfte sollten sich stets loyal verhalten. Wird dem Mitarbeiter Vertrauen und Offenheit entgegengebracht, so ist auch sein Verhalten in der Regel freundlicher und kooperativ.

Wenn der Mitarbeiter hingegen als Sündenbock dargestellt wird, vor dem Kunden beschimpft oder unangenehm befragt wird, schürt das Verhalten der Führungskraft die angespannte und distanzierte Beziehung zwischen Vorgesetztem und Angestelltem. Sollte tatsächlich seitens des Unternehmens ein Fehler passiert sein, so ist auch das kein Grund zu unfreundlichem oder gar unfairem Verhalten. Fehler sind menschlich, und sollten nicht dramatisiert werden. Ein auf Augenhöhe durchgeführtes Gespräch zwischen Angestelltem und Führungskraft ist für beide Seiten die angenehmste Lösung des Problems.

M wie Mentoring

Das Mentoring, zu Deutsch ein „Mentorenprogramm" kann mit einer klassischen Patenschaft verglichen werden. Ein erfahrener kenntnisreicher Manager oder Ex-Manager wird der *Mentor* einer jungen, heranwachsenden Führungskraft, der *Mentee*. Voraussetzung einer solchen Beziehung ist gegenseitiges Vertrauen und Ehrlichkeit. Der Mentee muss kritikfähig, lernwillig und offen sein. Der Mentor muss das Potential seines Paten erkennen können und durch konstruktive Kritik und konkrete Vorschläge verbessern. Somit verkörpert der Mentor das Bild eines Ratgebers und Kritikers, der als Vorbild und mit seiner Erfahrung seinen Mentee fördert und unter anderem auch Kontakte vermittelt. Durch gegenseitigen Austausch erlernt der Mentee so eine gesunde Selbstreflexion, Offenheit und

Wertschätzung und kommt seinen beruflichen Zielen und ihrer Umsetzung näher.

N wie Nachsichtig

Hohe Erwartungen, die nicht erfüllt werden, von außen oder von innen ausgeübter Druck aufgrund von Zeitmangel, Angst oder anstehenden Prüfungen, diese und viele weitere Situationen können Stress auslösen. Für manche eine schwierige Herausforderung, für andere eine notwendige Selbstverständlichkeit, aber eine gute Führungskraft zeigt vor allem in Stresssituationen Nachsicht. Egal ob sich selbst gegenüber oder den Mitarbeitern, es gibt Zeiten, in denen der ausgeklügelte Plan nicht aufgeht, in denen unerwartete Zwischenfälle passieren und Fehler gemacht werden. Verhält sich die Führungsperson besonders in diesen Phasen nachsichtig, gewinnt sie unheimlich viel Sympathie, denn Menschlichkeit sollte auch im anstrengenden Arbeitsalltag an oberster Stelle stehen.

O wie Optimist

Ist das Glas halb voll oder halb leer? Die Aufgabe zu dreiviertel erledigt oder nicht geschafft? Und ist Optimismus tatsächlich wirksamer als Pessimismus? Schon allein der selbsterfüllenden Prophezeiung wegen ist der Optimismus in vielen Momenten die klügere Variante. Geht eine Führungskraft davon aus, dass das Meeting, der neue Prozess oder sonstige weitere Arbeitsentwicklungen positiv enden, so tritt dies meistens auch ein. Wenn aber von vornherein der Zweifel überwiegt und das Projekt als zum Scheitern verurteilt angesehen wird, tritt vermutlich auch diese Prophezeiung ein.

Daher lohnt sich Optimismus für jedermann, für die Führungskraft in allen Ebenen, aber auch für jeden einzelnen Mitarbeiter, um ein erfolgreiches Gefühl vom Arbeitsalltag zu schaffen und die Arbeit mit positiven Gedanken in Verbindung zu bringen. Deswegen ist es für die Führungsperson von Vorteil, nicht nur selbst ein Optimist zu sein, sondern diese Lebenseinstellung zumindest in Teilen auch weitergeben zu können.

P wie Projekte

Eine starre Routine und eintönige Aufgaben gehören zwar zu den meisten Tätigkeiten in verschiedenen Berufsbildern dazu, jedoch sollten sie keinesfalls den Großteil der Arbeit ausmachen. Eine Führungskraft sorgt dafür, dass die Motivation und der Antrieb für erfolgreiche Arbeit bei den Mitarbeitern nicht verloren geht, sondern ständig neu angereizt wird. Dies kann unter anderem mithilfe von kleinen oder großen Projekten geschehen.

Werden Projektarbeiten an Mitarbeiter übertragen, fühlen sie sich wertgeschätzt und lernen, mit dem entgegengebrachten Vertrauen verantwortungsvoll umzugehen. Außerdem kann ein gewisser Abstand zum Tagesgeschäft neue Ideen anregen und sich positiv auswirken. Es sollte lediglich darauf geachtet werden, nicht nur ein oder zwei bestimmten Mitarbeitern ständig Projekte zu übergeben, sondern angepasst an die Stärken und Fähigkeiten alle Mitarbeiter mit einzubeziehen, da es sonst zu Rivalität und Konkurrenz unter den Angestellten kommen kann.

Q wie Qualität

Was mag belangreicher sein, Qualität oder Quantität? Auch wenn es in mancherlei Hinsicht auf die Situation ankommt, überwiegen die Vorteile von Qualität meistens. Und genau darauf sollte eine Führungskraft achten. Weniger konkrete Anweisungen geben, die dafür allerdings umso effektiver, deutlicher und effizienter sind. Weniger Einmischen in die routinemäßigen Prozesse der Mitarbeiter, und wenn dann in Form von konstruktiver und offener Kritik, nicht aber in abwertendem Ton oder Imperativen. Im gleichen Zuge achtet die Führungskraft auf die Aufgaben der Angestellten, damit auch hier die Qualität vor der Quantität steht.

Je mehr Aufträge und Projekte ein Mitarbeiter in einer festgelegten Zeit abarbeiten muss, desto weniger kann er sich auf das erforderte Niveau konzentrieren. Die Verteilung von Aufgaben sowie die eindeutige Festlegung einer Reihenfolge der Wichtigkeit nach ist hier oft die Lösung des Problems, das nicht nur die Mitarbeiter entlastet, sondern auch die Qualität der einzelnen Aufgaben anhebt.

Rosenthal-Effekt

Die amerikanischen Psychologen Robert Rosenthal und Lenore Jacobson haben im Jahr 1968 Experimente an Schulen in den Vereinigten Staaten durchgeführt. Während der Experimente wurde einigen Lehrern mitgeteilt, dass sie im folgenden Schuljahr als Klassenlehrer eine eigene Klasse bekommen würden, da sie bislang sehr gute Leistungen erbracht hätten. Die Klassen würden ausnahmslos aus den intelligentesten Schülern bestehen. Am Ende des Schuljahres kam es zu dem Ergebnis, dass die beschriebenen Klassen in der Tat bessere Noten sowie höhere IQ-Ergebnisse erlangt haben. In der Realität waren die Schüler nicht überdurchschnittlich intelligent, da aber sowohl die Lehrer, als auch die Schüler selbst davon ausgingen, zu den Besten zu gehören, wurde ihnen mehr zugetraut. Und sie haben das ihnen zugetraute erreicht.

Führungskräfte können aus diesem sogenannten Rosenthal-Effekt für die Praxis mitnehmen, dass es sich also lohnt, den Mitarbeitern mehr zuzutrauen als bislang. Je mehr ihnen zugetraut wird, desto steiler wird die Leistungskurve vermutlich verlaufen. Und der damit einhergehende Erfolg spiegelt sich zudem in der Motivation und der persönlichen Zufriedenheit des Mitarbeiters wider. Neue Aufgaben und mehr Verantwortung werden nur sehr selten negativ aufgefasst.

S wie Sinne

Hirnforscher haben in Studien herausgefunden, dass Informationen leichter aufgenommen und abgespeichert werden können, wenn nicht nur ein Sinn, sondern mehrere Sinne einbezogen werden. Die Erteilung von Anweisungen und das Übermitteln von Informationen in Befehlsform ist daher nicht so erfolgreich wie eine leidenschaftliche Geschichte mit Anekdoten und Allegorien. Metaphern und Sprachbilder regen den visuellen Sinn an, während Vergleiche zum Beispiel auch den Geruchssinn ansprechen können.

T wie Team

Teams gleichen Fehler aus, Teams kumulieren Können und Wissen. Ein Team kann um einiges erfolgreicher sein als eine Einzelperson. Gegenseitige Hilfe und Unterstützung, das Auffangen von unerwarteten Ausfällen, gemeinsames Überwinden von Schwierigkeiten und die unterschiedlichen Fachgebiete und Fachkenntnisse sind nur einige der zahlreichen Vorteile, wenn Mitarbeiter als Team zusammenarbeiten. Als Führungskraft stellt sich Ihnen die Herausforderung, Abteilungen und Gruppen so zu formen und Mitarbeiter dahingehend auszuwählen, dass eine gute Arbeit als Team möglich ist.

Passen die Angestellten persönlich nicht zueinander, kann auch die Arbeitsqualität darunter leiden. Eine ausgewogene Mischung aus unterschiedlichen Altersstufen, Erfahrungsgraden und Talenten kann ein ebenso erfolgreiches Team darstellen wie eine einheitliche Altersstufe und beispielsweise dasselbe Geschlecht. Berücksichtigt die Führungskraft die Aufgaben und Ziele, die das Team erreichen soll, so kann sie dieses unter Berücksichtigung der Persönlichkeiten zusammenstellen. Das Einbeziehen von Angestellten kann hier eine große Hilfe darstellen und den Erfolg der Gruppe weiter steigern.

U wie Urlaub

Firmenlaptop, Diensthandy und private Kontakte im Unternehmen erschweren den nötigen Abstand zum Unternehmen manchmal enorm. Dabei benötigt jeder Mensch Pausen und Abweichungen zum Arbeitsalltag. Nicht nur die Mitarbeiter haben Anspruch und brauchen Urlaub, auch Führungskräften stehen diese Auszeiten zu. Und sie sind sinnvoll, um neue Kraft zu tanken, um einen gesunden Ausgleich zu finden und auch den Körper aktiv zu regenerieren.

Denn Stress, Druck und Angespanntheit können sowohl zu psychischen als auch zu physischen Auswirkungen führen, die in der heutigen Arbeitswelt zu präsent geworden sind. Daher gilt es, sowohl den Mitarbeitern als auch der Führungskraft mindestens den gesetzlichen Urlaubsanspruch zu gewähren, und diesen ohne Druck und mit Freude entgegenzunehmen.

V wie Vorbild

Eine Führungskraft ist ein Vorbild. Für die Mitarbeiter ist sowohl das persönliche als auch das fachliche Auftreten jeden Tag neu das Bild der übergeordneten Person. Behandelt die Führungskraft die Mitarbeiter herablassend, unpersönlich oder respektlos, so ist auch ein respektloser und unpersönlicher Umgang zwischen den Mitarbeitern selbst und sogar den Mitarbeitern und ihrem privaten Umfeld als Reaktion auf den beruflichen Alltag denkbar.

Ein schlechtes Arbeitsklima und unzufriedene Angestellte sind jedoch kein guter Grundstein für ein erfolgreiches Unternehmen. Herrschen Respekt, Ehrlichkeit, Menschlichkeit und Offenheit im Arbeitsalltag vor, so nehmen sowohl die Mitarbeiter als auch die Führungskraft diese positiven Stimmungen mit in ihr Privatleben und verbreiten sie dort automatisch. Als gutes Vorbild achtet die Führungskraft daher auf einen freundlichen und menschlichen Umgang mit den Mitarbeitern, sodass alle Beteiligten, sowie das Unternehmen selbst, davon profitieren.

W wie Warten

Eine Stelle wird neu geschaffen oder wird frei und auch nach einigen Tagen oder Wochen entsprechen die eingegangenen Bewerbungen nicht in vollem Maße den eigenen Vorstellungen. Oder ein neuer Mitarbeiter ist im Unternehmen angefangen und benötigt etwas Zeit, um sich in die Hard- und Software, in die Arbeitsprozesse und das Miteinander einzuleben.

Solche, und viele weitere personelle oder auch fachliche Situationen erfordern eine Menge Geduld, und stellen diese oftmals auf die Probe. Soll lieber ein mittelmäßig qualifizierter Bewerber eingestellt werden, oder soll auf weitere und passendere Bewerbungen gewartet werden? Soll der Mitarbeiter unter Druck schneller im Unternehmen Fuß fassen, soll er während der Probezeit wieder entlassen werden, oder soll ihm die nötige Zeit gegeben werden, um eine kompetente Kraft langfristig zu beschäftigen?

Eine gute Führungskraft gibt nicht so schnell auf, Warten und Geduld gehören zum Erfolg und zum Weg des Erfolges dazu. Nicht jede Veränderung kann von einem Moment auf den nächsten geschehen, nicht jeder Wunsch augenblicklich erfüllt werden. Warten können ist eine Fähigkeit, die langfristig das bestmögliche aus den Umständen herausholt, weil Zeit für Gutes gegeben wird.

X wie Xenophanes

Xenophanes war ein antiker griechischer Philosoph im frühen sechsten und fünften Jahrhundert vor Christus. Geboren im kleinasiatischen Kolophon führte er ein Wanderleben, nachdem er aus seiner Heimat vertrieben worden war. Der Überlieferung nach zufolge ist Xenophanes der erste, der Gedanken des Rationalismus und der aufklärerischen Religionskritik äußerte. Es gibt zwei wesentliche Aussagen des Philosophen, die ihn zu einem Vorbild für gute Führungskräfte machen. Seine Kritik an Homers

Göttervorstellung bewies er mit dem Zitat „Wenn die Götter Pferde hätten, sähen sie wie Pferde aus".

Seiner Meinung nach haben nicht die Götter die Menschen erschaffen, sondern andersherum, die Menschen die Götter. Der Mensch erschafft sich alles in dem Umfang und der Art und Weise, wie er es benötigt. Wenn ein Sündenbock gesucht wird, wird auch einer gefunden. Wenn aber von Fehlertoleranz und Gutmütigkeit ausgegangen wird, so bleiben auch diese Eigenschaften, wie der Mensch sie benötigt.

Zudem war Xenophanes der Anschauung, dass das menschliche Wissen ausschließlich aus Vermutung und Meinung besteht und die Wahrheit nicht oder nur schwer erkennbar ist. Auch an diesem Ansatz können Führungskräfte anknüpfen. Wenn sie davon ausgehen, dass eine Seite des Problems erheblich anders geschildert werden kann, als die andere Seite und es sich bei beiden Ansichten lediglich um die persönliche Meinung und nicht um die reale Wahrheit handelt, fällt die Reaktion anders aus, als wenn die Führungskraft einer Seite zustimmt und diese zur Wahrheit erklärt und die andere Seite im Umkehrschluss zur Unwahrheit erklärt.

Bevor solche Reaktionen geschehen, sollte die Führungskraft sichergestellt haben, ob es tatsächlich eine einzige Wahrheit gibt, oder ob beide Meinungen zu gleichen Teilen wahr oder unwahr sein können.

Y wie Young Professionals

Gerade eine erfolgreich abgeschlossene Ausbildung oder einen guten Studienabschluss erlangt, und schon rutschen einige Berufsanfänger in die Arbeitslosigkeit. Denn die meisten offenen Stellen fordern Bewerber mit langjähriger Berufserfahrung, mit speziellen Kenntnissen in einem bestimmten Bereich oder zahlreiche Praktika. Dabei bringen vor allem junge Talente ein hohes Maß an Motivation und eigenem Denken mit sich, sie wollen sich einbringen und aktiv am Erfolg des Unternehmens mitwirken.

Auch wenn erfahrene Mitarbeiter womöglich weniger Fachwissen erwerben müssen und oft schon mit unterschiedlicher Software vertraut sind, können sich Berufsanfänger schneller mit dem Unternehmen identifizieren. Young Professionals eine Chance zu geben und sie mit Herausforderungen zu fördern und zu fordern, gehört auf jeden Fall zum Repertoire einer guten Führungskraft.

Z wie Zusammenarbeit

Der Schlüssel von erfolgreicher Arbeit ist offenes Zusammenarbeiten. Dabei sollte die Zusammenarbeit auf allen Ebenen stattfinden. Führungskräfte untereinander können gegenseitig Unterstützung anbieten oder in stressigen Zeiten einen Kaffee vorbeibringen. Das Verhältnis von Führungskraft zu Mitarbeiter sollte von Zusammenarbeit geprägt sein, indem klare Vorstellungen der Arbeitsabläufe seitens der Führungskraft geäußert werden, dem Mitarbeiter der nötige Freiraum zur erfolgreichen Bearbeitung der Aufgaben gegeben wird und dieser bei Rückfragen oder Problemen ohne zu zögern die Führungskraft anspricht.

Und auf dritter Ebene kann eine Führungskraft als gutes Vorbild vorangehen, und die Mitarbeiter dazu anhalten, auch untereinander zusammenzuarbeiten. Denn Konkurrenz und Wettstreit innerhalb eines Unternehmens führt zu mehr Destruktion als zu Erfolg und sollte auf jeden Fall gegen Zusammenarbeit ersetzt werden.

Tipps für Führungskräfte

Der Human Resources Manager für Europa bei Google, Frank Kohl-Boas, der für sämtliche Personalangelegenheiten verantwortlich ist, hat eine kurze und knappe Definition von Führen abgegeben „Letztlich bedeutet Führung das Erzielen von Ergebnissen durch andere“. Auch wenn klassische Führungskompetenzen noch immer von großer Bedeutung sind und dies auch noch lange bleiben werden, können mitunter modernere Kompetenzen zu einer erfolgreichen partizipierenden Führung beitragen. Voraussetzung hierfür ist, dass die Führungskraft sich der digitalen

Transformation bewusst ist, selbst dafür offen ist und bereit ist, diesen Wandel auch aktiv mitzugestalten.

Vor allem in diesem Zusammenhang ist es wichtig, über eine geschulte Medienkompetenz zu verfügen und das Wissen auch an seine eigenen Mitarbeiter übertragen zu können. Trotzdem sollte einer guten modernen Führungskraft stets vor Augen sein, dass in jedem Unternehmen unterschiedliche Generationen arbeiten, Menschen, die verschiedene Hintergründe und Ideen haben, nicht die gleichen Werte vertreten und oft auch nicht die gleichen Herangehensweisen an Probleme oder Arbeitsweisen im Allgemeinen haben.

Dieses Verständnis von Diversität verleiht Respekt und Ruhe, und sorgt, wenn diese Diversität gut organisiert wird, nicht für völliges Chaos und Durcheinander im Laufe des Wandels. Aber die wohl wichtigste Kompetenz einer guten Führungskraft ist das richtige Gefühl für Teambuilding. Das Geheimnis dahinter ist, dass eine gute Führungsperson nicht alles wissen muss, sie muss sich nur die passenden Menschen ins Team holen, die das nötige Wissen mitbringen.

Auch wenn es von Vorteil ist, wenn manche Wesenszüge schon im frühen Kindesalter erworben wurden, können auch im fortgeschrittenen Alter Eigenschaften angeeignet werden. Und vor allem können konkrete Tipps und Vorschläge geäußert werden, die einen Chef von einer guten Führungskraft unterscheiden.

Denken Sie jederzeit daran, dass Sie ein Vorbild sind und Ihr Verhalten beobachtet und gegebenenfalls imitiert wird. Ein respektvoller Umgang mit Mitarbeitern und Kunden ist daher unumgänglich. Folgen Sie konsequent Ihren eigenen persönlichen Werten, veröffentlichen Sie diese und handeln Sie danach. Wenn Sie ein bestimmtes Verhalten von anderen verlangen, sollten Sie es selbst praktizieren und der erste sein, der die neuen Regeln erfüllt. Zu den persönlichen Werten kann auch der Umgang mit Schwächen und Fehlern zählen. Das Zugeben von gemachten Fehlern oder Unrecht bringt mehr Vor- als Nachteile mit sich. Und auch Entschuldigungen verbessern die zwischenmenschliche Atmosphäre und zeugen von Respekt und einer Arbeit auf Augenhöhe. Auch das Sprichwort „Reden ist Silber, Schweigen ist Gold“ kann als Leitfaden angewandt werden, wenn Sie daran denken, genau zuzuhören, konkrete Fragen zu stellen und aus den Antworten zu lernen. Als Führungskraft müssen Sie nicht am meisten reden. Wenn das Denken das Reden übersteigt, erhält auch das Gesagte mehr Sinn.

Dass Pünktlichkeit in Meetings als Selbstverständlichkeit angesehen wird, ist heutzutage weit verbreitet. Vor allem bei kleineren Gruppen kann die persönliche Begrüßung mit einem Händedruck oder entsprechenden kulturangepassten Begrüßungsmethoden die Sympathie steigern und eine persönlichere und freundlichere Ausgangslage schaffen. Die Fachkompetenz und die Ernsthaftigkeit können mithilfe von gut vorbereiteten und strukturierten Konferenzen vermittelt werden.

Als Führungskraft und vor allem als Vorbild sollten Sie sich auch Aufgaben annehmen, die ansonsten niemand übernehmen möchte. Ergreifen Sie Initiativen und sorgen Sie so für eine Art Gleichgewicht. Die Verantwortung für eigene Projekte, aber auch für Schwachstellen und Unstimmigkeiten liegt bei Ihnen. Seien Sie sich dessen bewusst und übernehmen Sie diese Verantwortung. Wenn Sie groß denken, fördern Sie fast automatisch die stetige Entwicklung und Verbesserung des Unternehmens und der Mitarbeiter selbst. Wenn Sie persönlich den Wandel und den Fortschritt antreiben, motivieren Sie im gleichen Zug auch andere dazu, höhere Erwartungen zu haben und diese erhöhten Ziele auch zu erreichen.

Die beruflichen Aussichten sollten jedoch zu keinem Zeitpunkt in Abhängigkeit zu persönlichen Beziehungen stehen, sondern voneinander getrennt werden. Das regelmäßige Lob der Mitarbeiter ist genauso wichtig für eine positive Grundstimmung wie die gemeinsame Feier und Anerkennung der erbrachten Erfolge.

Doch woher kommt der Erfolg und wie kann er von Ihnen angeregt werden? Konsequenz und das Delegieren von Entscheidungskompetenzen stellen die Ausgangssituation dar. Der Glaube an die eigenen Fähigkeiten und die Risikobereitschaft können darauf aufgebaut werden und wecken Leidenschaft und Begeisterung für ein Projekt, welche sich auf das gesamte Team übertragen. Um ein konkretes Ziel vor Augen zu haben, ist eine rechtzeitige und möglichst genaue Planung und die Entwicklung einer Strategie von Nöten. Ebenfalls sollten Sie sich eine Deadline setzen, an der die Ergebnisse gemessen und analysiert werden. Einen mindestens genauso großen Einfluss auf die Produktivität und den Erfolg spielt das Zusammenspiel zwischen der Führungskraft und den Mitarbeitern und unter den Mitarbeitern selbst.

Um hier die richtige Basis zu schaffen, helfen offene Fragen die Kommunikation im Betrieb zu verbessern. In stressigen Situationen gilt es stets Ruhe zu bewahren und nicht emotional auszubrechen, als Ruhepol wirken Sie erfahren und kontrolliert. Eine gewisse Offenheit für Meinungen und Ideen der anderen und das Vertrauen in die Fähigkeiten der Mitarbeiter entlasten Ihr eigenes Verantwortungsbewusstsein und schenken ein Gefühl von Wertschätzung. Je mehr Zeit Sie mit Ihren Mitarbeitern verbringen, desto besser wird das Verhältnis und die Zusammenarbeit sein.

Denn auch wenn Zeit am Schreibtisch wichtig und notwendig ist, können Sie von dieser Position aus weder konkrete Hilfestellungen geben, noch großartig kommunizieren oder schlicht präsent sein. Auch einfache Freundlichkeit und Empathie zahlen sich aus. Lächeln Sie die Kollegen jeden Tag an, drücken Sie Mitgefühl aus und zeigen Sie Ihre Dankbarkeit nicht nur mit einfachen Worten. Verschiedene Floskeln oder Phrasen können unpersönlich oder funktional wirken, individuelle Worte oder kleine

Taten bleiben dagegen im Gedächtnis. Wenn Sie zu gegebenem Anlass auch etwas Persönliches preisgeben, zeigen Sie Ihre Menschlichkeit. Auch die Fähigkeit Kritik anzunehmen und daraus zu lernen, kann zu jedem Zeitpunkt im Leben erworben werden.

Der letzte wichtigste Unterschied zwischen einem herkömmlichen Chef und einer guten Führungsperson liegt im Fachwissen und im Umgang mit diesem Wissen. Gehen Sie mit dem Erwerb Ihrer Fachkompetenz offen um, teilen Sie Ihre Erfahrungen, erzählen Sie Geschichten, wie Sie Ihr Wissen erworben haben und was es Ihnen bislang schon genutzt hat. Auch konkrete Buchtipps oder interessante Webseiten können von Belang sein. Und scheuen Sie sich nicht, Ihren Kollegen und Mitarbeitern Ihr Wissen beizubringen und Sie von Ihrer Fachkompetenz profitieren zu lassen.

Fallbeispiele und Situationen

Im Folgenden wird eine fiktive Arbeitssituation dargestellt. Anhand von verschiedenen Fallbeispielen können Sie testen, wie Ihr Verhalten als Führungskraft in dieser Situation aussehen würde, ob Sie mit den Umständen zurechtkämen oder ob Sie selbst Hilfestellungen zur Problemlösung benötigen würden. Im Anschluss an die ausführlichen Beschreibungen stehen konkrete Lösungsvorschläge und Beispiele, wie die Probleme angegangen und gelöst werden könnten.

Hierbei handelt es sich lediglich um Vorschläge, es sind durchaus weitere Lösungen möglich und korrekt. Eine ernsthafte Auseinandersetzung mit den Problemlösungen kann Ausschluss darüber geben, ob Sie bereit sind, eine Führungsposition anzunehmen und Mitarbeiter zu leiten.

Sie arbeiten in einer weltweit tätigen Spedition und nehmen als Leiter der internationalen Langverkehre eine der wichtigsten Führungspositionen ein. Im alltäglichen Geschäft stehen die Abteilungen der internationalen Disposition, der Tagespreisabteilung sowie der internationale Kundenservice unter Ihrer Verantwortung. Nachdem Sie selbst die kaufmännische Ausbildung erfolgreich beendet haben, 7 Jahre lang als internationaler Disponent tätig waren und sich an der Abendschule zum Betriebswirt weitergebildet haben, konnten Sie die Niederlassungsleitung davon überzeugen, dass Sie die richtige Person für die Leitung der internationalen Landverkehre sind.

Gut vier Jahre lang besetzen Sie diese Position nun, laut Auswertung der Ergebnisse arbeiten die Ihnen zugeordneten Abteilungen erfolgreich, und auch Sie sind mit der Gesamtsituation zufrieden. Dank des Zusammenhaltes arbeiten die Mitarbeiter selbstständig, treffen in der Regel selbst die Entscheidungen und ziehen Sie nur im Notfall oder in Sondersituationen zu Rate.

Nachdem im Sommer die Auszubildende zur Kauffrau für Spedition- und Logistikdienstleistungen ihre Abschlussprüfung bestanden hat, wurde sie als Sachbearbeiterin im internationalen Kundenservice im Unternehmen übernommen. Während ihrer dreijährigen Ausbildung konnte sie schon einen kleinen Einblick in die Aufgabenfelder dieser Abteilung gewinnen. Die Qualität ihrer Arbeit ist hervorragend, sie ist lernwillig und besitzt eine schnelle Auffassungsgabe. Sie sind mit Ihrer neuen Mitarbeiterin zufrieden und bestätigen Ihr diese Harmonie in einem Feedback.

KUNDENSERVICE TEIL 1

Einmal im Jahr nehmen Sie sich die Zeit, und setzen sich mit jedem Mitarbeiter persönlich zusammen zu einem Mitarbeitergespräch. Ihr Ziel ist es hierbei, den Mitarbeiter nach Anregungen oder Kritik zu fragen, ob Verbesserungsvorschläge bestehen, ob er sich allgemein wohlfühlt in seinem Job. Als Sie auch in diesem Jahr die Mitarbeitergespräche veranstalten und die Mitarbeiter des Kundenservice nach und nach zu einem Termin einladen, erhalten Sie eine Überraschung. Denn sieben von neun Mitarbeitern haben berichtet, dass sich das Klima innerhalb der Abteilung seit Einstieg der neuen ausgelernten Mitarbeiterin konsequent verschlechtert hat. Dabei kann keiner direkte Gründe für diese Empfindung nennen. Und auch auf die Frage nach Vorschlägen zur Verbesserung der Situation kommt kein Mitarbeiter auf eine klare Antwort.

Auch wenn die neue Mitarbeiterin offenbar mit dem verschlechterten Arbeitsklima in Verbindung gebracht wird, gibt es keine eindeutigen Anhaltspunkte. Laut ihren Kollegen ist sie immer pünktlich und höflich, sie redet nicht schlecht über Kollegen und hat auch zu den Kunden und Partnern ein kollegiales freundliches Verhalten. Zudem erledigt sie ihre Arbeit stets sehr schnell und vollkommen selbstständig und fehlerfrei.

Um dieses Problem aus der Welt zu schaffen, bitten Sie die neue Mitarbeiterin zu einem weiteren Gespräch. Sie versuchen herauszufinden, ob auch die neue Mitarbeiterin das allgemeine Klima als nicht besonders gut erachtet und ob sie Veränderungen wahrgenommen hat. Als sie dies verneint und angibt, sich im Team gut aufgenommen und wohlzufühlen, konfrontieren Sie sie vorsichtig mit den Empfindungen der anderen Kollegen. Anhand des Stimmungswechsels bemerken Sie die Ruhe der Mitarbeiterin. Sie sehen ihr deutliches Schlucken und dass sich ihre Augen langsam mit Tränen füllen.

Da Sie mit solch einer emotionalen Reaktion gerechnet haben, bieten Sie ihr ein Taschentuch an, das sie dankend annimmt. Nachdem sie sich gefangen hat, fängt sie an ihren Arbeitsalltag aus ihrer Sicht zu schildern. Wenn sie morgens ins Büro kommt, sind meistens schon ein paar Kollegen da, aber die Letzte war sie noch nie. Da sie ebenso wie ihre Kollegen in Gleitzeit anfängt, ist das Zeitfenster des Arbeitsbeginns ohnehin relativ groß. In erster Linie ermittelt sie morgens Statistiken für Großkunden über die Zustellquote des Vortages und erhält im gleichen Zuge vom System eine Liste mit Sendungen, die nicht zugestellt wurden. Diese bearbeitet sie anschließend, spricht mit Partnern, organisiert gegebenenfalls Sonderfahrten für die Zustellung und stellt somit sicher, dass alle Sendungen, die sich auf dieser Liste befanden, am gleichen Tag beim Empfänger zugestellt werden.

Da die E-Mails und automatischen Berichte an das gemeinsame E-Mailpostfach der Abteilung gesendet werden, können alle Kollegen ihre Arbeit einsehen. Und wenn sie an guten Tagen bereits nach kurzer Zeit die Zustellungen sichergestellt hat, hat sie schon öfter Blicke der anderen wahrgenommen. Sie spricht zwar nicht über ihre erfolgreiche Arbeit, aber sie weiß, dass ihre Kollegen wissen, dass sie schnell und sehr gut arbeitet. Und sie kann sich vorstellen, dass genau diese Arbeitsweise das Problem darstellen könnte.

Vielleicht handelt es sich bei dem schlechteren Klima um Neid der Kollegen, die selbst ihre Arbeiten nicht so schnell und fehlerfrei erledigen können. Und vielleicht spricht die Missgunst aus ihnen und lässt die neue Mitarbeiterin in einem arroganten und unnahbaren Bild erscheinen. Sie bedanken sich für das ehrliche Gespräch und versichern, sich um die Situation zu kümmern.

Mit welchen Problemen wird die Führungskraft hier konfrontiert? Wie kann sie das Problem lösen? Ist eine Kündigung der neuen Mitarbeiterin sinnvoll, wenn sie doch hervorragende Leistungen erbringt? Da sich Sympathie nicht erzwingen lässt, kann es schwierig werden, die Mitarbeiter um Rationalität zu bitten. Wie würden Sie in dieser Situation agieren?

KUNDENSERVICE TEIL 2

Die Aufgaben sind unter den Mitarbeitern des internationalen Kundenservices klar aufgeteilt, jeder kennt die eigenen und die Stärken der anderen und kann darauf aufbauen. Frau Boning und Herr Schien sind für allgemeine Partneranfragen von und an ausländische Speditionen zuständig. Wenn internationale Sendungen nicht fristgerecht ausgeliefert werden, sie beschädigt oder gar nicht zugestellt werden, oder anderweitige Probleme auftreten, sind diese beiden Mitarbeiter die erste Anlaufstelle. Frau de Majon ist momentan seit einigen Wochen als Praktikantin in Ihrer Filiale zu Besuch. Sie absolviert in ihrem Heimatland Frankreich eine einjährige Ausbildung zur Kauffrau für Spedition- und Logistikdienstleistungen und hat sich an einem betriebsinternen internationalen Programm beworben, dass Bewerber für 4 Wochen in eine Niederlassung in einem anderen Land entsendet.

Ziel des Programms ist die bessere zwischenstaatliche Vernetzung, das Verstehen von Prozessen in einem anderen Land sowie möglicherweise sogar die Verbesserung des eigenen Standorts aufgrund der gesammelten Erfahrungen. Als eine von 200 Auszubildenden wurde Frau de Majon ausgewählt, das Praktikum in Deutschland zu absolvieren. Da Ihr Standort zu einem der größten in der Region gehört, wurde auch Ihnen eine Praktikantin zugewiesen. Nachdem Frau de Majon sich die erste Woche lang die

Abteilungen der nationalen und internationalen Disposition angesehen hat, soll sie die verbliebenen drei Wochen im internationalen Kundenservice tätig werden.

Da sie auch in ihrer Niederlassung in Frankreich im Kundenservice arbeitet, ist sie mit den meisten Systemen und allgemeinen Aufgaben in diesem Bereich bereits vertraut. Sie haben Frau Boning gebeten, als persönliche Ansprechpartnerin der Praktikantin ihren konkreten Aufenthalt zu planen, mit den entsprechenden Kollegen abzusprechen, welche Aufgaben Frau de Majon übernehmen kann und was ihr im Allgemeinen gezeigt werden soll. Bei Fragen oder Problemen stehen Sie sowohl Frau Boning als auch Frau de Majon selbstverständlich jederzeit zur Verfügung.

Der genaue Ablaufplan der drei Wochen im Kundenservice sehen wie folgt aus: in der ersten Woche darf Frau de Majon jedem Bereich der Abteilung über die Schulter schauen und die Arbeitsweisen der deutschen Kollegen verstehen und nachvollziehen. So kann die Praktikantin Erfahrungen und Vergleichswerte in den Gebieten Schadensfallbearbeitung, Key Account Management für Großkunden, Telefonzentrale der Niederlassung, internationale Partneranfragen sowie dem klassischen Kundenservice sammeln.

Aufgrund ihrer Sprachkenntnisse in ihrer Muttersprache Französisch und ihren sehr guten Kenntnissen in Spanisch und Italienisch hat Frau Boning es als sinnvoll erachtet, Frau de Majon die verbliebenen zwei Wochen den internationalen Anfragen zuzuweisen, damit sie hier leichte eigene Tätigkeiten selbstständig ausführen kann, Unterschiede zwischen der französischen und der deutschen Vorgehensweise bei zwischenstaatlichen Aufgaben feststellt und sowohl sich als auch Ihrer Niederlassung durch die gemeinsame Reflexion die Möglichkeit gibt, bestimmte Prozesse zu optimieren oder zu ändern.

Um der Praktikantin ein Höchstmaß an Selbstständigkeit zu gewähren, hat Frau Boning den IT-Leiter angesprochen und gebeten, einen Gastaccount für das gemeinsame E-Mailpostfach sowie für das System zu erstellen, damit Frau de Majon am eigenen Computer ihre Tätigkeiten frei bearbeiten kann. Die Kommunikation zwischen der Französin und den Mitarbeitern des Kundenservices erfolgt aus einer Mischung aus Englisch, Deutsch und ein wenig Französisch, gelingt jedoch im Großen und Ganzen erstaunlich gut.

Nachdem Frau Boning und Herr Schien die Praktikantin zwei Tage lang eingearbeitet haben und die wichtigsten und häufigsten Aufgaben und Anfragen ausführlich erläutert sowie die Problemlösung beschrieben haben, darf Frau de Majon ab dem dritten Tag selbstständig mitarbeiten. Positiv überrascht von dem Arbeitswillen und den Fachkenntnissen, spricht Frau Boning bereits nach kurzer Zeit ein großes Lob an die Praktikantin aus. Durch ihre selbstständige Arbeit, die schnelle Auffassungsgabe und die ausgezeichneten Fremdsprachenkenntnisse hat Frau Boning nun endlich Zeit, seit langem liegen gebliebene Aufgaben und Ablagetätigkeiten aufzuarbeiten. Herr Schien bewältigt gemeinsam mit Frau de Majon das aktuelle Tagesgeschäft. Von dieser vorteilhaften Situation profitiert nicht nur Frau Boning, auch die Partnerspediteure aus Frankreich, Spanien, Italien und gleichsprachigen Räumen erfreuen sich über die einfache Kommunikation in ihrer Landessprache. Die Kunden geben nach kurzer Zeit durchweg positives Feedback, dass die Bearbeitungszeit der Anliegen momentan auffallend kurz ist, die Sendungen allgemein problemfreier zugestellt werden und sie die Freundlichkeit und die Offenheit der Französin sehr schätzen.

Auch wenn Sie gehofft haben, selbst auch einen Vorteil aus dem Praktikantenprogramm des Unternehmens ziehen zu können, waren Sie auf so viel Lob und anerkennendes Feedback nicht vorbereitet. Kurz vor Ablauf des Praktikums führen Frau Boning und Frau de Majon in der Mittagspause ein unverbindliches Gespräch, in dem sie auf die zahlreichen Möglichkeiten

Frau de Majons eingehen, die sie nach Beendigung der Ausbildung hat. Frau Boning ist so begeistert von ihr als Mensch und als Kollegin, dass sie fragt, ob sie sich nicht vorstellen könne, für eine gewisse Zeit in Deutschland zu arbeiten.

Da Frau de Majon diese Alternative nicht grundsätzlich ablegt, ist in Frau Boning die Idee gewachsen, dauerhaft eine ausländische Fachkraft anzustellen. Mit diesem Enthusiasmus kommt Frau Boning zu Ihnen ins Büro und unterbreitet Ihnen die Möglichkeit, eine dritte Person für die internationalen Partneranfragen einzustellen, die vorzugsweise bis zum jetzigen Zeitpunkt in einer ausländischen Niederlassung des Unternehmens angestellt ist.

Sie erbitten ein wenig Bedenkzeit und wollen sich mit dem Niederlassungsleiter sowie der Regionalleitung über die Möglichkeiten informieren, ehe Sie sich mit Frau Boning in Verbindung setzen.

Da eine Führungskraft nicht nur mit negativen Überraschungen zurechtkommen muss, sondern auch Anfragen nach weiterem Personal oder Aushilfen an Sie gerichtet werden, muss auch hier eine Entscheidung Ihrerseits getroffen werden. Ist es sinnvoll, eine weitere Person einzustellen, um die Partner- und Kundenzufriedenheit aufrechtzuerhalten, oder ist der Aufwand größer als der Nutzen, da bislang keine großartigen Beschwerden genannt wurden? Welche konkreten Vorteile sprächen für die Einstellung einer ausländischen Fachkraft, welche für eine inländische? Und wie können Sie Ihre Entscheidung Frau Boning am angenehmsten mitteilen?

INTERNATIONALE DISPOSITION TEIL 1

Als Führungskraft der internationalen Disposition leiten Sie insgesamt acht Disponenten und Disponentinnen, die sich um die Verkehre in und aus EU-Staaten kümmern. Zu ihren Aufgaben zählen die Kalkulation und die Angebotserstellung für internationale Direktfahrten sowie ihre komplette Ausführung, von der Berechnung der Lademeter über die Buchung eines

Frachtführers, die Überwachung der fristgerechten Auslieferung bis zum Speichern des Ablieferbeleges.

Die Arbeit findet meist auf Englisch oder der jeweiligen Landessprache statt, da die meisten Disponenten mehrere Sprachen fließend beherrschen. Neben den zwingend notwendigen Sprachkenntnissen sind auch allgemeine Länderkenntnisse empfehlenswert. Dazu werden neben allgemeinen Öffnungszeiten von Endkunden und Feiertagen, auch Bräuche, Sitten und Eigenheiten über die Lebensumstände vor Ort gezählt. Der Disponent, der für Verkehre mit Spanien, Portugal, Belgien, Luxemburg und Frankreich zuständig ist, muss wegen gesundheitlichen Problemen für mehrere Wochen in eine Reha-Klinik. Der Umfang seiner Tätigkeit ist zu groß, um über einen so langen Zeitraum auf die übrigen Disponenten aufgeteilt zu werden.

Nach Rücksprache mit dem Niederlassungsleiter wird für die kommende Zeit ein Disponent aus einer anderen Niederlassung, Herr Schneider, den Posten übernehmen und Ihrem Team aushelfen. In seiner Niederlassung ist Herr Schneider für die gleichen Länder verantwortlich, sodass Sie davon ausgehen, die Einarbeitungszeit relativ kurz halten zu können und dem Tagesgeschäft rasch wieder gerecht zu werden. Sie haben den Kollegen Berger, der im Regelfall die Urlaubsvertretung für den ausgefallenen Disponenten macht, für die Einarbeitung von Herrn Schneider ausgewählt und ihm die volle Verantwortung für seine Aufnahme in die Abteilung übertragen.

An Herrn Schneiders zweitem Arbeitstag treffen Sie Herrn Berger zufällig am Kaffeeautomaten und fragen ihn nach der Situation in der internationalen Disposition. Zu Ihrem Überraschen schildert er nicht eine reibungslose Einarbeitung in bereits bekanntes Wissen, sondern ein gewisses Desinteresse seiner Anweisungen und Vorschläge. Etwas verwundert bitten Sie Herrn Berger vorsichtig, mit gleichem Engagement weiter die Einbringung Herrn Schneiders in das Team zu erleichtern und ihn über fehlende Kenntnisse aufzuklären. Im gleichen Zuge kann und soll er bei anhaltenden Problemen und Unstimmigkeiten das Gespräch mit Ihnen suchen. Am Freitag, dem fünften Arbeitstag von Herrn Schneider, bittet Herr Berger Sie nun dringend um ein Gespräch. Sie beenden Ihr Projekt und rufen Ihren Mitarbeiter zu sich. Ohne große Vorwarnung beginnt Herr Berger die Berichterstattung:

„Wie lange soll Herr Schneider in der anderen Niederlassung bereits für die westeuropäischen Länder zuständig sein? Er kennt sich absolut nicht aus. Englisch spricht er, das bringt ihm vor allem in Frankreich und Spanien aber ja nun nicht sonderlich weit. Und auch mit den Ländern an sich kennt er sich einfach nicht aus. Unternehmen in Frankreich machen jeden Mittag von 12.00 Uhr bis 14.00 Uhr eine strikte Mittagspause. Offenbar hat er davon noch nie etwas gehört.

Vorhin war echt der Höhepunkt, als er sich tierisch darüber aufgeregt hat, dass es ja wohl nicht sein kann, dass unsere Partner in Frankreich nun schon am fünften Tag in Folge mittags nicht erreichbar sind. Als ich ihn darauf hingewiesen habe, dass es auch die nächsten Tage und Wochen so sein wird, weil die Franzosen viel Wert auf ihre zweistündige Mittagspause legen, hat er mich nur kopfschüttelnd angeschaut und wortlos auf seinen Bildschirm geschaut. Keine fünf Minuten später hat er auf einmal seine Sachen eingepackt, den PC heruntergefahren, sich freundlich bei uns verabschiedet und ist gegangen. Um 13.15 Uhr.

Ja, freitags kann man mal eher Feierabend machen, und wenn mittags wirklich niemand zu erreichen ist, kann man in der Zeit auch gewisse Sachen nicht erledigen und kommt nicht voran, aber es gibt ja wohl genug zu tun, um diese Zeit zu füllen. Ich dachte, er wäre in seiner Niederlassung auch Disponent? Wenn man nicht alle Sprachen beherrscht, ist das eine Sache. Aber wenn man offensichtlich noch nicht registriert hat, dass jeden Tag um dieselbe Uhrzeit keiner zu erreichen ist, dann ist er entweder nicht richtig am Arbeiten oder einfach ganz schön verplant und unaufmerksam. So geht es meiner Meinung nach jedenfalls nicht weiter, und da er sich von mir ja sowieso nichts sagen lässt, bitte ich Sie, sich darum zu kümmern.

Natürlich nicht mehr heute, er ist ja eh nicht mehr da, aber vielleicht Anfang nächster Woche direkt. Wir sind gerade alle so aufgebracht, dass wir lieber Herrn Bergers Arbeit selbst übernehmen würden, statt sie in die Hände dieses Mannes zu geben. Wenn unser werter Kollege wiederkommt, sind ja alle Partner und Kunden vergrault, wo soll das denn hinführen?"

Diesen Monolog müssen Sie nun erst einmal verdauen, versprechen Ihrem Mitarbeiter aber, sich Montag mit Herrn Schneider zusammenzusetzen und die Situation zu klären. Sie bedanken sich für seine offenen Worte und seine Ehrlichkeit und wünschen auch ihm ein erholsames und angenehmes Wochenende.

Wie gehen Sie als Führungskraft und Ansprechpartner nun mit dieser Gesamtlage um? Wie können Sie sich am effektivsten auf das anstehende Gespräch am Montag vorbereiten, oder ist eine Vorbereitung nicht nötig? Sollte Herr Berger über die scheinbar problematische Situation innerhalb der Abteilung in Kenntnis gesetzt werden oder nicht?

INTERNATIONALE DISPOSITION TEIL 2

Das Wochenende ist vergangen, Sie haben versucht sich wenig Gedanken um die anstehende Woche und die damit einhergehenden Probleme zu machen. Als Sie am Montagmorgen das Büro betreten, sind zwei Disponenten bereits am Arbeiten und begrüßen Sie. Sie bedienen sich an dem frisch gekochten Kaffee und beginnen eine kleine Small-Talk-Runde. Schnell lenken Ihre Mitarbeiter das Gespräch in Richtung des zeitweiligen Kollegen Herrn Schneider.

Sie gehen davon aus, dass dieser ebenfalls jeden Moment im Büro erscheinen müsste, da er am Freitag ja sehr früh gegangen ist und daher die

Aufgaben von Freitag noch erledigen muss. Mit den Worten, dass Sie Herrn Schneider am Vormittag noch zu einem Gespräch einladen, versuchen Sie Ihre Mitarbeiter zu beruhigen und zu beschwichtigen. Sie hoffen, die unangenehme Situation als Missverständnis aufdecken und so einfach aus der Welt schaffen zu können.

Daher übermitteln Sie im gemeinsamen Online-Kalender die Einladung zum Gespräch an Herrn Schneider und erwarten ihn um 10.00 Uhr in Ihrem Büro. In der Zwischenzeit gehen Sie die Wochenplanung durch, und beginnen mit den ersten Vorbereitungen für ein Meeting am Nachmittag.

Als Sie um 10.15 Uhr noch immer alleine in Ihrem Büro sitzen und auf die Uhr sehen, kommen langsam Zweifel auf. Sie beschließen hinunter ins Großraumbüro der Disponenten zu gehen und Herrn Schneider abzuholen. In dem Moment, in dem Sie den Raum betreten, sperrt Herr Schneider seinen Computer und steht auf. Freundlich begrüßen Sie ihn und bitten Ihn mit nach oben zu kommen. In Ihrem Büro angekommen, gießen Sie sich erst einmal zwei Tassen Kaffee ein, um die Situation aufzulockern und eine angenehme Atmosphäre zu schaffen. Ohne etwas gesagt zu haben, beginnt Herr Schneider seine Entschuldigung. „Es tut mir wirklich leid, dass ich nicht pünktlich in Ihr Büro gekommen bin. Ich war heute Morgen etwas später bei der Arbeit, weil ich zuhause noch etwas klären musste.

Außerdem sind die ausländischen Kollegen ja sowieso nie zu erreichen. Aber als ich dann eben mein Postfach geöffnet habe, hatte ich einen Haufen Mails, Anfragen und Bestätigungen. Die muss ich dann gleich erst einmal abarbeiten. Aber morgen komme ich dann einfach eher ins Büro, dann bin ich nicht in der Mittagszeit auf Antworten aus Frankreich und Spanien angewiesen. Ich hoffe, Herr Berger hat sich nicht allzu sehr über mich beschwert. Ich meine ich trete hier in große Fußstapfen, offenbar ist Ihr ausgefallener Mitarbeiter äußerst talentiert und offenherzig. Bei uns in der Niederlassung läuft das alles ein wenig anders ab.“ Neugierig fragen Sie nach, wie es denn bei ihm in der Niederlassung vorgeht. „Auch wenn ich als Disponent für Westeuropa angestellt bin, habe ich mit den Partnern eigentlich nichts zu tun. Ich wurde letztes Jahr eingestellt, damit ich in zwei Jahren den Kollegen ersetzen kann, der dann in Rente gehen wird.

Dass er mich rein gar nichts machen lässt, alles selbst regelt und mich in keiner Weise einarbeitet oder anlernt, habe ich so nicht erwartet. Daher wusste ich auch in der Tat nicht, dass zum Beispiel Spanien und Frankreich eine strikte Siesta halten und nur am Vor- und am Nachmittag erreichbar sind. Die ersten zwei bis drei Tage hielt ich es noch für einen Systemfehler, eine schlechte Internetverbindung oder einen schlechten Scherz, erst als Herr Berger mir abwertend gesagt hat, dass das so bleiben wird, habe ich verstanden, dass er es ernst meinte. Ich habe Freitag nachmittags dann noch versucht mit den Kollegen unten zu reden, dass mein Sohn einen blauen Brief bekommen hat und ich zum Elternsprechtag in seine Schule geladen wurde.

Aber sie haben mich nicht zu Wort kommen lassen, übertrieben laut über schlechte Witze gelacht und mich außen vorgelassen. Da ich dieses Verhalten aus meiner Niederlassung kenne, habe ich entschieden, mich nicht weiter einzubringen, mein Ding durchzuziehen und bin gegangen. Vielleicht hätte ich Ihnen Bescheid geben können, aber daran habe ich in dem Moment einfach nicht gedacht. Ehrlich gesagt, war ich wirklich sauer und enttäuscht zugleich."

Vollkommen überrascht von der offensiven Erzählung und Schilderung der letzten Woche nehmen Sie sich einen Moment Zeit, um die richtige Antwort zu formulieren. Da Herr Berger die Situation ein klein wenig anders dargestellt hat, werden Sie sowohl mit ihm, als auch mit den anderen Kollegen weitere Gespräche führen. Sie versichern Herrn Schneider, dass Sie ihn dabei nicht belasten oder als unkollegial darstellen. Allerdings fügen Sie noch die kurze Frage hinzu, ob er außer Englisch weitere

Fremdsprachen beherrscht. Diese Frage verneint Herr Schneider und gibt an, dass er in seiner Niederlassung Französisch und Spanisch lernen sollte, es aber aufgrund von mangelnder Beteiligung nie zu diesen Kursen kam.

Und als er die Überlegung offenlegte, privat Sprachkurse zu belegen, wurde er von der Assistenz der Niederlassungsleitung ständig darauf vertröstet, dass sie sich darum kümmern würde, dass in naher Zukunft entsprechende Bildungsmaßnahmen ergriffen würden. Dazu kam es bis zum gegenwärtigen Zeitpunkt jedoch nicht. Auch hier haben Sie eine andere Antwort erwartet und bedanken sich bei Herrn Schneider für die ehrlichen Worte.

Nachdem er das Büro verlassen hat, beginnen Sie, das Gehörte zu sortieren und sich einen Plan zu machen, wie Sie am sinnvollsten vorgehen können.

Wie könnte dieser Plan aussehen? Überlegen Sie sich, welche Schritte in welcher Reihenfolge nun am effektivsten sind, um das Verhältnis zwischen Herrn Schneider und den Kollegen der internationalen Disposition zu entspannen. Gibt es Themen, die mit Herrn Schneiders Vorgesetztem in seiner Niederlassung besprochen werden sollten? Oder zweifeln Sie an Herrn Schneiders Aussagen und sind überzeugt, dass Herr Berger die einzig richtige Wahrheit geäußert hat?

TAGESPREISABTEILUNG

Kurz nachdem Herr Schneider Ihr Büro verlassen hat, erreicht Sie ein Anruf von der Assistentin der Niederlassungsleitung. Sie muss Sie darüber in Kenntnis setzen, dass Frau Bertram, Mitarbeiterin der Tagespreisabteilung, nicht zur Arbeit erschienen ist und dies vermutlich auch erst einmal nicht tun wird, da ihr Mann in der vergangenen Nacht plötzlich verstorben ist. Nach einer kurzen Pause bedanken Sie sich für die Information und fragen nach Frau Bertrams Telefonnummer.

Da Sie glücklicherweise noch keinen Sterbefall während Ihrer Zeit als Führungskraft hatten, fühlen Sie sich in diesem Moment etwas überfordert. Sie beschließen, die Tagespreisabteilung aufzusuchen und mit den Mitarbeitern dort das Gespräch zu suchen. Zurzeit kümmern sich dort Frau Bertram, zwei weitere Kollegen sowie ein Auszubildender im dritten Lehrjahr darum, Preisauskünfte und konkrete Angebote zu erstellen, angenommene Angebote als Aufträge ins System zu übertragen sowie die Abholung der Güter an die Nahverkehrsdisposition weiterzuleiten. Als Sie das Büro betreten und Frau Bertrams leeren Platz sehen, fehlen Ihnen die Worte.

Anhand der Blicke der Mitarbeiter erkennen Sie, dass sie bereits über den schweren Umstand in Kenntnis gesetzt wurden. Nach einigen Augenblicken der Stille wirft ein Mitarbeiter die kurze Frage „Und jetzt?" in den Raum. Sie fühlen sich ratlos und wissen keine Antwort. Schulterzuckend setzen Sie sich auf einen freien Stuhl neben dem Schreibtisch. Der Auszubildende versucht sich aus der Situation herauszunehmen und arbeitet weiter. Das Einzige, was Sie Ihren Mitarbeitern sagen können, ist, dass Sie sich kümmern werden und bei Problemen oder Fragen jederzeit der erste Ansprechpartner sind. Anschließend verlassen Sie das Büro und gehen auf direktem Wege zur Assistentin der Niederlassungsleitung.

Ein Sterbefall, der in so engem Verhältnis zu einem Mitarbeiter steht wie in dieser Situation, ist ein schwerer Umstand. Gehört die Fürsorge für die Mitarbeiter und die Betroffenen zu den Aufgaben einer Führungskraft? Oder übersteigt die Führungskraft hier ihr Aufgabengebiet? Welche Schritte sind nun aus unternehmenstechnischer Sicht zu erledigen, und welche aus persönlicher?

LÖSUNGSVORSCHLÄGE ZU

Bei den folgenden Vorschlägen handelt es sich lediglich um Anregungen, wie gegebene Situationen aufgelöst werden können. Es gibt selbstverständlich noch viele weitere Möglichkeiten, Probleme zu lösen, Konflikte aus der Welt zu räumen oder Unstimmigkeiten zu klären.

Kundenservice Teil 1

Wenn Sie die verschiedenen Gespräche mit den Mitarbeitern des internationalen Kundenservice Revue passieren lassen, kommen Sie zu dem Ergebnis, dass nicht die Handlungen oder ein bestimmtes Verhalten der neuen Mitarbeiterin Grund für die schlechtere Stimmung innerhalb der Abteilung ist. Gepaart mit der Aussage, dass im Anschluss an die schnelle und erfolgreiche Arbeit der neuen Mitarbeiterin kritische Blicke zugeworfen wurden, könnte eben dies das Kernproblem darstellen. Denn der Erfolg kann andere zu Missgunst und Neid bewegen.

Doch wie geht eine Führungskraft in solch einer Situation am sinnvollsten mit dem Problem um? Die Kündigung der Mitarbeiterin wäre vollkommen ungerechtfertigt und für das Unternehmen wenig sinnvoll. Die Abkapselung zum allgemeinen E-Mailpostfach brächte ebenso wenig Besserung, da die Kollegen zwar keine Ergebnisse vom System einsehen können, die produktive Arbeitsweise der Mitarbeiterin jedoch kennen, daher würde eine gewisse Abneigung vermutlich bestehen bleiben und sich eventuell sogar durch die Abkapselung verschlimmern. Die Beschwichtigung der Kollegen verspräche wenig Veränderung, denn auch mit Sätzen wie „Jeder ist gleich viel Wert, jede Arbeit ist gleich gut, es kommt zu keiner Rangordnung der Produktivität zwischen euch Kollegen“ oder ähnlichem können die negativen Gedanken der Einzelnen nicht im Keim erstickt werden.

Sinnvoller hingegen wäre eine direkte Konfrontation. Sie als Führungskraft sind in der Position, die Kollegen auf Ihre Vermutung anzusprechen, dass sie sich vielleicht schlechter, talentfreier oder nicht so erfolgreich fühlen als ihre neue Kollegin. Wichtig ist, dass die Gespräche auf einer rationalen und wertfreien Grundlage aufbauen, und keinerlei Wertung Ihrerseits einfließt. Im zweiten Schritt können gemeinsame Aufgaben oder Projekte dabei helfen, dass die neue Mitarbeiterin nicht nur als effektive

Arbeitskraft, sondern auch als angenehmer Mensch und Kollege angesehen wird.

Denn durch die offene und hilfsbereite Art der Kollegin können Gedanken und Meinungen, die sich ausschließlich um den beruflichen Erfolg drehen, in den Hintergrund gerückt werden. Und wenn sie im Team erst einmal im Ganzen angenommen wurde, in arbeitstechnischer und persönlicher Weise, wird sich das Arbeitsklima von alleine wieder verbessern.

Kundenservice Teil 2

Sie können Frau Bonings Frage, ob dauerhaft eine weitere Fachkraft in ihrem Bereich der internationalen Partneranfragen eingestellt werden kann, nachvollziehen. Durch die selbstständige Arbeit der Praktikantin Frau de Majon wurden Frau Boning und Herr Schien im operativen Geschäft entlastet, Frau Boning hatte genug Zeit, ältere Aufgaben aufzuarbeiten und sowohl die beiden Mitarbeiter selbst, als auch die Partner aus anderen Ländern und die hiesigen Kunden haben nach kurzer Zeit positives Feedback geäußert. Ob sich dauerhaft eine weitere Vollzeitstelle jedoch rentiert, ist die Frage.

Denn auch die liegengebliebenen Aufgaben sind in naher oder ferner Zukunft abgearbeitet, und Frau Bonings akute administrative Tätigkeiten füllen nicht einen ganzen Arbeitstag. Zusätzlich bietet eine ausländische Fachkraft zwar die sprachtypischen Vorteile und kann auch mit fachkundiger oder eigener kultureller Erfahrung punkten, bei nicht ausreichenden Deutschkenntnissen kann jedoch eine Sprachbarriere zwischen ihr und den deutschen Mitarbeitern entstehen.

Unzureichende Sprachkenntnisse können zusätzlich dazu führen, dass sich ein ausländischer Mitarbeiter in Deutschland an sich nicht integrieren kann, und es zu einer gesellschaftlichen Isolation kommt. Eine Teilzeitstelle könnten Sie sich für diesen Bereich des internationalen Kundenservices besser vorstellen, jedoch überwiegen bei diesem Konzept die

Unsicherheiten, ob sich ein Arbeitsverhältnis in Teilzeit für einen ausländischen Mitarbeiter lohnt, der einerseits so nicht ausreichend Verdienst erhält, um sein Leben zu finanzieren, und sich somit einen weiteren Job suchen müsste. Eine Teilzeitbeschäftigung, die mit einer deutschen Fachkraft besetzt würde, kann in der Regel zwar fremdsprachentechnisch und kulturell nicht die Vorteile bieten, die eine ausländische Fachkraft hätte, kann sich jedoch einfacher einen strukturierten Alltag aufbauen.

All diese Bedenken und Gedanken äußern Sie nun in einem Gespräch mit Frau Boning, die Ihre Abwägungen vollkommen verstehen kann. Gemeinsam entwickeln Sie nun den Plan, der Niederlassungsleitung den Vorschlag zu unterbreiten, eine Teilzeitstelle auszuschreiben, und sowohl deutsche als auch mögliche ausländische Bewerber damit anzusprechen und die bestmögliche Wahl zu treffen. So hat Frau Boning eine Entlastung für die Zeit der administrativen Aufgaben, Herr Schien kann wie gewohnt seinen Aufgaben nachgehen und die Partner und Kunden können weiterhin mit einer raschen und lösungsorientieren Bearbeitung ihrer Anfragen rechnen.

Internationale Disposition Teil 1

Im Anschluss an das Gespräch sollten Sie sich zunächst einmal Notizen mit den wichtigsten Kritikpunkten machen, die Herr Berger angesprochen hat. Das ist besonders sinnvoll, weil nun zwei Tage ohne beruflichen Kontakt folgen, während derer Sie weder an die Probleme im Betrieb denken sollten, noch die konkreten Problempunkte vergessen sollten. Dazu zählen unter anderem:

- wenig bis keine Fremdsprachenkenntnisse außer Englisch, was vor allem bei den westeuropäischen Ländern von klarem Nachteil ist
- wenig bis keine Kenntnisse über die jeweiligen Länder und ihre Eigenarten, besonders die Siesta in Spanien und Frankreich
- Unaufmerksamkeit und Ignoranz gegenüber Kunden und Partnern
- keine Ab- bzw. Rücksprache mit den hiesigen Kollegen

Anhand dieser Stichworte kann ein grober Gesprächsfaden aufgebaut werden. So können Sie auf die von Herrn Berger genannten Punkte eingehen und trotzdem auf die spontanen Antworten von Herrn Schneider reagieren. Falls Sie in solchen Unterhaltungen bislang wenig Erfahrungen gesammelt haben, kann auch eine ungefähre Einleitung verschriftlicht werden. Das nimmt Ihnen anfangs die Unsicherheit, sorgt für einen klaren aber freundlichen Einstieg, und vermeidet bestenfalls, dass Herr Schneider sich angegriffen fühlt. Im gleichen Zuge sollten Sie sich vor Beginn der Besprechung über Ihre eigenen Ziele im Klaren sein. Was erwarten Sie von Herrn Schneider, von Herrn Berger und den anderen Kollegen der Disposition? Wie können Sie selbst gegebenenfalls bei der Lösung des Problems mitwirken, und kann das Problem überhaupt vollständig gelöst werden?

Internationale Disposition Teil 2

Die Aussagen von Herrn Schneider haben Sie stutzig gemacht. Auch wenn Sie bislang Ihren Mitarbeitern vollkommen vertraut haben, unterscheiden sich die Ansichten von Herrn Schneider und von Herrn Berger enorm. Für die Auslegung von Herrn Schneider spricht die Tatsache, dass er sofort wusste, worüber Sie mit ihm reden wollen, ohne dass er etwas mitbekommen hat vom Gespräch mit Herrn Berger. Das beweist, dass es gewisse Unstimmigkeiten innerhalb der Abteilung gibt, und dass Herr Schneider sie bewusst wahrgenommen hat. Er konnte zu jedem Stichpunkt von sich aus entkräftende Worte finden und hat auch auf die Frage nach den mangelnden Fremdsprachenkenntnissen eine plausible Antwort gefunden.

Um einen Anfang zu machen, sollte auf jeden Fall eine Unterhaltung mit Herrn Schneiders eigentlicher Niederlassung stattfinden. Ziel ist einerseits die Frage nach den vermeintlichen Bemühungen um Sprachkurse, und warum ihm davon abgeraten worden war, privat Sprachkurse zu belegen. Und andererseits sollten Sie die offene Kommunikation mit Herrn Schneiders Vorgesetztem suchen, um die Arbeitssituation mit ihm und seinem

Kollegen aufzuklären. Denn wenn der Kollege, der in naher Zukunft in Rente gehen wird, gezielt die Einarbeitung verhindert und Herrn Schneider den Erwerb von Fachkompetenz verweigert, besteht hier dringender Handlungsbedarf.

Um die Situation bei Ihnen vor Ort aufzuklären, können weitere Mitarbeitergespräche mit den Disponenten Aufklärung verschaffen. Da die Menschen oftmals ehrlicher und offener sind, wenn sie in Zweisamkeit eine Unterhaltung führen statt in einer großen Runde, sollten Gruppendiskussionen und -fragerunden vermieden werden. Als konstruktiv kann sich die direkte Konfrontation mit Herrn Schneiders Situation in seiner Niederlassung erweisen, denn Empathie und Unterstützung können ihm sowohl beruflich als auch persönlich helfen, um erfolgreicher und zufriedener zu arbeiten. Auf Herrn Berger sollte speziell eingegangenen werden, denn Ignoranz und grundlegende Unfreundlichkeit gehören nicht in den Arbeitsalltag.

Im Gegensatz, Hilfestellungen und offene Kommunikation führen kurz- und langfristig zu Produktivität und einem Gemeinschaftsgefühl. Abschließend kann eine erneute Unterhaltung mit Herrn Schneider angesetzt werden, um ihn zu bitten, bei fortwährenden Problemen mit den Kollegen, bei Unklarheiten in fachlichen Fragen oder bei ähnlichen Unsicherheiten den Kontakt zu Ihnen zu suchen. Gleichzeitig sollte allerdings auch von ihm ein kollegiales Verhalten ausgehen, das Offenheit und Freundlichkeit beinhaltet. Um Ihren ausgefallenen Mitarbeiter zu schonen und ihn mental nicht zu überfordern, sollten Sie ihn über die Meinungsverschiedenheiten und Probleme nicht informieren.

Tagespreisabteilung

Ein Sterbefall stellt in jedem Fall eine Ausnahmesituation dar. Besonders der plötzliche Tod einer nahestehenden Person, wie in diesem Fall, kann für die Betroffenen nur schwer zu verarbeiten sein. Als Führungskraft ist es in einer solchen Situation nicht leicht, die Balance zwischen persönlichem und beruflichem zu finden und weder zu forsch noch zu privat zu sein. Gar keine Reaktion zu zeigen, kann jedoch als empathie- und rücksichtslos angesehen werden, da Sie als Führungskraft beruflich für Frau Bertram eine wichtige Ansprechperson sind. Um die Mitarbeiterin nicht zu überfordern, können Sie ihr erst einmal Zeit und Ruhe geben, ehe Sie sich melden. An diesem Tag muss sie sich leider um viele Dinge kümmern, und mit Bestattern, gegebenenfalls mit Ärzten oder einem Pfarrer oder einem Trauerredner in Kontakt treten.

Es reicht vollkommen aus, wenn Frau Bertram erst am nächsten oder übernächsten Tag von ihrer Arbeitsstelle kontaktiert wird. Diese Kontaktaufnahme sollte möglichst ruhig, vorsichtig und ohne Zwang ablaufen. Neben einem klassischen Telefonat ist auch eine Trauerkarte, die das Beileid Ihrerseits und das der Kollegen ausdrückt, sinnvoll. In diesem Zusammenhang kann ein kleiner Brief beigefügt werden, der neben ein paar persönlichen Worten Frau Bertram Zuspruch gibt und ihr versichert, dass sie wiederkommen kann, wenn sie bereit ist.

In solch einer Situation ist es wichtig, der Mitarbeiterin das Gefühl zu geben, dass sie nicht alleine dasteht, dass ihre Gefühle verstanden werden und angebracht sind, und dass auf sie gewartet wird. Druck und Zwang, baldmöglichst wieder arbeiten zu kommen, sind völlig unangebracht und können neben einer persönlichen Krise auch eine Kündigung zur Folge haben.

Ein enger Austausch zwischen Ihnen und den Kollegen von Frau Bertram kann dafür sorgen, dass Information weitergegeben werden, dass der Aufwand für die Mitarbeiterin minimal gehalten wird und dass Sie als Führungsperson über die aktuelle Lage in der Abteilung Bescheid wissen. Denn bei längerfristigem Ausfall müssen Sie für einen Ersatz sorgen, der Frau Bertrams Aufgaben gewissenhaft übernimmt, um die Kollegen zu entlasten und die Produktivität aufrechtzuerhalten. Von diesen beruflichen Prozessen sollte Frau Bertram jedoch außen vor gelassen werden, um kein Gefühl von Bedrängnis oder von Last auszuüben.

Falls Sie eine Einladung zur Beerdigung erhalten, sollten Sie dort auf jeden Fall erscheinen, um ein Zeichen von Unterstützung und Solidarität zu setzen. Auch bei dieser Veranstaltung sind berufliche Themen deplatziert und sollten vermieden werden. Für Sie als Führungskraft mag der Umstand, dass Frau Bertram vermutlich für mindestens ein paar Wochen ausfällt, unangenehm sein und möglicherweise größere Folgen mit sich bringen. Für das persönliche Wohlbefinden im Unternehmen und die psychische Gesundheit Ihrer Mitarbeiterin, sollten Sie dennoch darauf achten, vor allem im direkten Umgang mit ihr berufliches und privates strikt voneinander zu trennen und auf ihre Situation einzugehen. Denn nur so kann Frau Bertram den Tod ihres Mannes verarbeiten, annehmen und in Zukunft wieder erfolgreich ihrer Arbeit unter Ihrer Verantwortung nachkommen.

Ein Job – unterschiedliche Aufgaben

Die Fallbeispiele und Situationen zeigen auf, dass eine Führungskraft nicht den Vormittag im Büro am Computer oder in einer Telefonkonferenz verbringt und am Nachmittag im Meeting mit anderen Führungskräften belegte Brötchen isst und über Statistiken und Zahlen diskutiert. Natürlich können auch solche Tage im Arbeitsalltag einer Führungsperson vorkommen, jedoch verbirgt sich hinter diesem Job noch viel mehr.

Als Ansprechpartner und Weisungsgeber trägt die Führungsperson viel Verantwortung mit sich. Je mehr Mitarbeiter ihm zugeordnet sind, desto größer seine Verantwortung. Sowohl im beruflichen als auch im persönlichen kann und sollte sich die Führungskraft bewusst sein, dass sie ein Vorbild ist, und ihre Handlungen und Eigenschaften beobachtet und gegebenenfalls übernommen werden. Besonders in Bezug auf negative Aspekte sollte daher geachtet werden. So vielfältig die Aufgaben einer Führungskraft sind, so wichtig ist es, sich stets zu entwickeln und zu bewegen.

Wir danken Ihnen für Ihr Interesse und Ihr Vertrauen. Als Dankeschön dafür, haben wir eine besondere Überraschung. Wir haben einen **grandiosen Guide der zu mehr Erfolg in Alltag und Beruf verhilft,** exklusiv für Sie. Und diesen erhalten Sie vollkommen kostenlos. Das klingt wunderbar? Dann warten Sie nicht lange und holen Sie sich Ihr Gratis-Geschenk.

Hier geht es zu Ihrem Gratis-Geschenk:

https://forms.gle/8MPHWgx1ZET791gy8

1. **Öffnen Sie die Kamera-App auf Ihrem Smartphone und richten Sie die Kamera auf den QR-Code.**
2. **Klicken Sie auf den Link, der Ihnen angezeigt wird und schon werden Sie zur Website weitergeleitet.**

Impressum

Herausgeber: Pegoa Global Media GmbH / Am Sandtorkai 27 / 20457 Hamburg
Kontakt: kontakt@pegoamedia.de
Coverbild: Shutterstock